服务设计

方法 工具 案例

于清华 著

重庆大学出版社

前言

我是从 2014 年开始关注服务设计的，那一年我前往芬兰的阿尔托大学访学，阿尔托大学是较早开设服务设计教育相关课程的高校，该校服务设计课程的授课模式和授课内容，对我具有很好的启发意义。在对服务设计专业的课程进行了一定学习后，2017 年，我开始在日本北陆先端科学技术大学院大学攻读博士学位，博士研究的副课题选择了应用服务设计方法，在研究的早期阶段对用户需求进行了调研和分析，这些方法的使用让研究的前期阶段得以顺利展开。

由于芬兰和日本学习服务设计的经历，我在日常教学中选择教授服务设计课程，随着知识和经验的积累，我萌生了写作《服务设计：方法 工具 案例》一书的想法。这本书从概念、方法和实践层面对服务设计进行了阐述，它可以为进入服务设计领域的初学者打开服务设计的大门，为他们由浅入深地展现服务设计的知识图谱。

要了解什么是服务设计，首先要对服务设计的历史、内涵、要素、原则、流程有清楚的认识，了解服务设计作为一个复杂系统与其他学科之间的关系。

服务设计有多种方法，设计师们也开发了相应的工具，在服务设计的各个阶段使用。对服务设计工具的掌握和熟练运用是进行服务设计的基础。对于初学者而言，要从数据收集、数据分析和总结、方案产出、方案筛选、原型设计和验证五个阶段，对服务设计方法和工具进行系统的了解。

在实践创新环节，读者可以通过植物旅馆、创新零售、协同设计、共情用户、故事商店五个案例，从学术研究、设计创新和企业实践三个视角，对服务设计理论和实践进行系统了解。

于清华

2022 年 9 月 27 日

目录

第 1 章　什么是服务设计

第 2 章　方法和工具

第 3 章　创新案例

第 1 章

什么是服务设计

这一章节主要围绕服务设计的历史、内涵、要素、原则和流程，对什么是服务设计做出系统的分析，具体内容如下：

1. 论述服务设计的历史；
2. 厘清服务设计的内涵；
3. 分析服务设计的要素；
4. 总结服务设计的原则；
5. 概述服务设计的流程；
6. 探讨服务设计与其他学科之间的关系。

1.1 服务设计的历史

"服务设计"（Service Design）作为设计学科兴起于 20 世纪 90 年代，它的历史可以从服务设计的研究和教育、服务设计机构的作用、公司和企业应用服务设计三个方面进行梳理（图 1-1）。

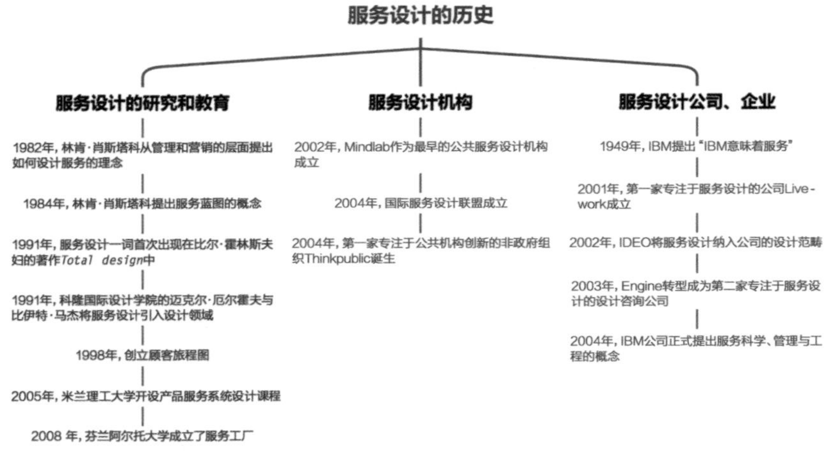

图 1-1 服务设计的历史

服务设计研究和教育的发展

服务设计一词诞生于 20 世纪 80 年代，是在管理和营销层面上提出的概念，1982 年，林恩·肖斯塔克（Lynn Shostack）在

《欧洲营销》期刊中提出如何设计服务的理念。1984 年，肖斯塔克在《设计传递的服务》（*Designing Services That Deliver*）一文中提出了服务蓝图的概念。20 世纪 90 年代，服务设计开始进入设计领域。1991 年，服务设计一词首次出现在比尔·霍林斯（Bill Holins）夫妇的著作《完全设计》（*Total Design*）中。目前被广泛使用的顾客旅程图（Customer journal map）是 1998 年绘制的。此后，服务设计成为新兴的设计学研究方向，关于服务设计的研究成果也不断出现。

伴随着服务设计理念的兴起，国外服务设计教育也开始发展：

- 1991 年，德国科隆国际设计学院的迈克尔·厄尔霍夫（Michael Erlhoff）与比伊特·马杰（Birgit Mager）将服务设计引入设计领域。
- 2005 年，米兰理工大学开设产品服务系统设计专业。
- 2008 年，芬兰阿尔托大学成立了“服务工厂”（Service Factory），通过多学科、多渠道和多种模型整合设计、商业和工程技术，致力于服务设计教育、设计和研究的探索。
- 目前，国际上较早开设服务设计课程的学校还有萨凡纳艺术学院、伦敦艺术大学、英国皇家艺术学院、奥尔堡大学等。

服务设计机构的作用

服务设计机构的建立也对服务设计的发展“推波助澜”：

- 2002 年，MindLa 作为最早的公共服务设计机构成立。
- 2004 年，为了促进服务设计的发展，由德国科隆国际设计学院、意大利米兰理工大学、美国卡内基梅隆大学等科研机构和学校共同发起成立了“国际服务设计联盟”（Service Design Network，SDN）。
- 2004 年，第一家专注于社会创新的非政府组织 Thinkpublic 诞生。

国际服务设计联盟作为最具影响力的服务设计机构，为企业、学术界提供了交流和沟通的平台。2008 年 11 月，由国际服务设计联盟组织的第一届服务设计会议（Service Design Global Conference，SDGC）在荷兰阿姆斯特丹召开，会议的主题是“连接 共享 开启”（Connect Share Enable）。这次会议为来自世界各地的设计师和具有社会、经济背景的其他参会人员建立了联系，他们共同探讨并设计如何启动和促成创新与变革，而专注于服务设计研究的教育工作者则讨论了服务设计的发展和研究成果。此后，国际服务设计联盟定期举办服务设计国际会议，还出版了《触点》杂志来推广服务设计理念。

公司和企业应用服务设计

服务设计理论的发展使得公司的设计不断革新，几家服务设计咨询公司也在 2000 年初创立：

- 2001 年，第一家服务设计咨询公司 Livework 成立。
- 2002 年，IDEO 公司将服务设计纳入公司的设计范畴，该公司对设计思维（Design Thinking）工具和方法的运用对服务设计产生了重要影响。
- 2003 年，Engine 公司转型成为服务设计咨询公司。

一些大型跨国企业也在调整各自的运营策略：

- IBM 公司在 1949 年就发布了“IBM 意味着服务”（IBM Means Service）的广告语，公司逐渐从以产品生产为主导，向提供服务为导向转型。
- 2004 年，IBM 公司正式提出“服务科学，管理与工程”的概念（Service Science，Management and Engineering，SSME），试图将与服务相关的内容汇聚到一个大的体系内。
- 苹果和微软等企业也通过推出软件、硬件和服务的协同供应的模式，让实体产品成为搭载服务、软件和硬件能力的载体，让实体化的有形产品为无形的服务提供支撑和保障。

中国服务设计的发展

我国服务设计的起步虽然晚于美国等发达国家，但发展速度较快。2017 年，服务行业产值占我国 GDP 的 51.6%；2019 年，中国服务进出口总额为 54152.9 亿元。国内服务行业市场需求巨大，目前，我国正面临着第三次消费结构的转型升级，在这一转型期，以产品为导向到以服务为导向的消费升级趋势势不可当。随着大数据技术的发展，根据大数据的预判和推算，主动服务得以实现。

目前，我国也步入提升整体服务链条的用户体验阶段，一些设计咨询公司也相继成立：

- 上海唐硕信息科技有限公司作为体验咨询行业的先行者，创建至今已有 14 年时间，“唐硕”深耕体验思维和体验战略，从品牌战略到设计落地，打造全链路用户体验，赋能品牌价值持续增长。
- 专注于服务设计的上海桥中商务咨询有限公司，为服务设计的推广和教育作出了重要贡献。
- 此外，国内的一些企业，如滴滴、蔚来等企业内部也设有服务设计师的职位。

在服务业的相关政策方面，政府出台了一系列行业发展规划、指导意见和调查报告等，以促进中国服务设计的发展：

- 2014 年，国务院印发《关于加快发展生产性服务业促进产业结构调整升级的指导意见》，提出发展与农业、工业等产业相关的生产性服务业的倡导。
- 2015 年，国务院印发的《中国制造 2025》提出，促进行业发展从生产型制造向服务型制造的转变。
- 2016 年，《“十三五”国家战略性新兴产业发展规划》提出，数字技术与文化创意和设计服务要深度融合，促进创意经济的发展。

- 2019 年 1 月 10 日，商务部、财政部和海关总署发布《服务外包产业重点发展领域指导目录（2018 年版）》公告，该报告的第二十条是关于服务设计的定义和范畴。
- 2020 年，北京光华设计发展基金会和 XXY Innovation 发布了《2022 中国服务设计报告》，通过对消费者、服务设计行业从业者、设计师和行业领袖进行抽样调研，提出了“大服务、全行业”的服务设计主张。
- 2022 年，商务部发布的《中国服务外包发展报告 2020》指出，数字服务需求旺盛，5G 与工业互联网融合叠加，助推制造业数字化解决方案。云计算、人工智能等信息技术的发展助推服务设计的转型升级，数字化服务成为中国服务业发展的新方向。

1.2 服务设计的内涵

服务设计是社会转型过程中的产物，整个社会从工业时代、信息时代向智能时代转变，服务业也从传统服务业向现代服务业转型。服务设计的内涵、原则、方法、工具和理论体系在过去的 30 多年发生了很大变化，服务设计的定义不断被研究者、机构和公司定义，服务设计的理论体系也不断发展成熟。

服务设计的概念

目前，我们还没有形成普遍的服务设计概念，正如《服务设计思维》（*This is Service Design Thinking*）一书的作者马克·斯蒂克多恩（Marc Stickdorn）所说："如果你询问十个人什么是服务设计？至少会得到十一种不同的答案。"图 1-2 罗列了研究者和设计师们对服务设计的界定：

- 斯蒂芬·莫里茨（Stefan Moritz）和斯蒂克多恩认为，服务设计是一个多学科或交叉学科的平台、方法。

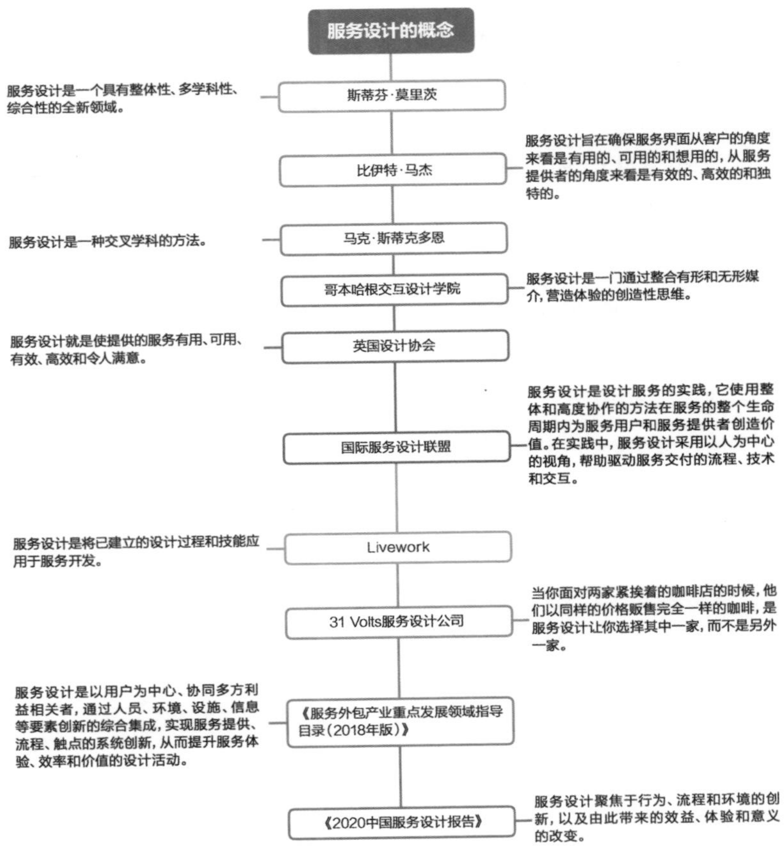

← 图 1-2 服务设计概念

- 马杰从用户和供应商的角度考虑服务界面所具有的性能。英国设计协会提出的概念与马杰的有些类似，不同之处在于他们认为服务设计的目标是让提供的服务变得有用、可用、有效、高效和令人满意。
- 哥本哈根交互设计学院则从系统和流程的角度思考服务设计，它作为一种设计实践，旨在为用户提供全方位的服务，将用户需求放在首位，通过整合有形和无形媒介，营造体验的创造性思维。
- 荷兰的专业服务设计公司 31 Volts 使用了“咖啡厅”的例子，形象地描绘了服务设计在营销中的作用。
- 国际服务设计联盟指出了服务设计所具有的整体的高度协作和以人为中心的特性，要在整个生命周期内为服务用户和服务提供者创造价值；同时，强调了服务交付的流程、技术和交互的人本视角。
- Livework 公司认为，服务设计是将已建立的设计过程和技能应用于服务开发。
- 2019 年，商务部、财政部和海关总署发布的《服务外包产业重点发展领域指导目录（2018 年版）》，对服务设计概念进行了界定：服务设计是以用户为中心、协同多方利益相关者，通过人员、环境、设施、信息等要素创新的综合集成，实现服务提供、流程、触点的系统创新，从而提升服务体验、效率和价值的设计活动。
- 《2020 中国服务设计报告》指出，服务设计作为一个研究领域，聚焦于行为（场景、任务、目标、意义）、流程（过程、手段、资源）和环境（节点、物理空间和社会场所）的创新，以及由此带来的效益、体验和意义的改变。

其他观点

在学术界，还有如下几种观点可以作为认识和了解服务设计的补充：

- 一种观点认为，服务设计是跨学科的学问和思维方式，不能作为学科存在；另一种观点则主张服务设计是一门设计学科。这两种观点虽然看法不同，但是在设计实践和研究中，他们都应用了服务设计的工具和方法。[1] 2020 年发布的《2020 中国服务设计报告》中，过半的受访者认为服务设计以设计学为基础，也有一部分人认为服务设计是一门内涵广泛的交叉学科，涉及设计学、心理学、管理学、社会学、经济学、人类学、计算机科学以及戏剧和表演等。其还指出，服务设计的界定不在于商品或行业门类的划分，而在于跨门类共性主题。

[1] 目前，在学术研究领域，由于出发点和侧重点的不同，服务设计也细分为：产品服务系统（Product-Service System Design）、为服务设计（Design for Service）、服务系统设计（Service System Design）等，这些概念都属于服务设计这一范畴。

- 强调服务设计的系统特性，认为服务设计应从全局出发考虑服务的整个系统和流程设计，考虑系统中不同人的需求。
- 注重不同利益相关者的协同创新，通过以人为本的共同创造方式开发新的服务体验。
- 服务设计要设计的是与服务相关的整个系统，包括服务战略、渠道、服务瞬间、服务亮点、用户旅程、触点、服务准则和应用标准等。
- 强调以用户为中心，注重服务提供全过程用户的体验和感受。

如上的概念和观点对服务设计进行了一定剖析，让我们初步了解了什么是服务设计。服务设计不仅是一种方法和工具，它也是一种思维方式，服务设计师要从全局出发，系统性地思考、定义服务中的问题，关注服务的使用者、提供者和利益相关者，在服务前、服务中和服务后提供完整的、闭环的服务流程。

图 1-3 玩具反斗城的提示卡

好的服务要在合适的时间、合适的地点，为顾客提供他们想要的服务。比如，玩具反斗城在玩具车的售卖区的温馨提示：记得买电池（图 1-3），还有提示牌旁边销售的电池。这项服务为顾客省去了不少麻烦，玩具车里没有电池，很多顾客对此并不知情，当把玩具车买回去后，才发现缺少电池，又得重新到商场购买。

想要做好服务设计不能只拘泥于方法和工具，还要培养服务意识和服务思维，这是服务设计中最为本质、核心的要求。因此，一名优秀的服务设计师要具备解决复杂问题的能力，拥有商业敏锐度、洞察力、同理心和好奇心，以及领导力、跨专业合作的能力和沟通交流的能力等。

1.3 服务设计的要素

服务设计的要素有利益相关者（Stakeholders）、触点（Touchpoints）、服务（Offering）、流程（Process），这四个要素是服务设计的基石。

1. 利益相关者

利益相关者是指服务设计中的利益相关方，包括主要利益相关者、次要利益相关者和其他利益相关者等。服务设计要考虑所有的利益相关者，进行整体化的系统设计。

2. 触点

在服务过程中，服务提供者和服务接受者之间存在一个服务界面，服务界面是服务设计中利益相关者和服务体系进行交互的载体。服务界面分布着不同的触点，这些触点是由一系列有形和无形的元素或介质组成，包含物理触点（Physical Touch Point）、数字触点（Digital Touch Point）、人际触点（Personal Touch Point)、情感触点（Emotional Touch Point）、隐形触点（Invisible touch point）和融合触点（Multi-Touch Point）等，从有形到无形的范畴，分布在服务前、服务中、服务后三个阶段（图 1-4）。

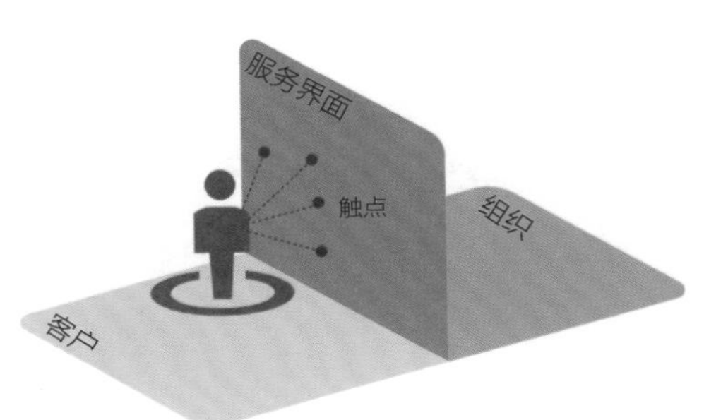

←图 1-4 服务界面

常用的触点有三类，即物理触点、数字触点和人际触点。

- 物理触点指的是服务提供者和服务接受者之间有形的、物理的接触点。比如，餐厅的食品、餐具、菜单、套餐纪念册等。
- 数字触点指的是用户在使用手机、网页或其他数字设备过程中，在数字系统中的接触点。再以餐厅为例，使用移动设备进行的线上支付、获得的取餐详情、短信通知等都属于数字触点的范畴。
- 人际触点多强调人与人之间的接触点，比如在餐厅用餐，餐厅的服务人员就是与顾客发生最直接关系的人际接触点。

这些不同类型的触点不是单独存在的，他们之间相互交融，从时间、空间、形态等不同维度上为用户提供服务体验，从而形成融合触点。融合的触点也可以相互转化，在服务系统中共同构建服务生态系统中的核心要素。

3. 服务

服务设计最本质的要素就是服务。比如，杀毒软件的变化从早期的金山毒霸，到电脑卫士，再到电脑管家，名称的变化体现了所提供服务的变化，也体现了使用者对软件功能的需求从杀毒到保护，再到管理需求的变化。如何针对不断变化的需求，提供核心的、有效的服务是服务设计最需要关注的。

4. 流程

服务设计的系统性，让服务的对象不再是单一的触点，而是多触点组成的动态的、系统的流程。在整个服务流程中对节奏的掌控，各触点、服务阶段的划分与组织都对服务体验的影响很大。要合理掌控服务的流程，优化触点设计，合理划分不同的服务阶段进而优化用户体验。

1.4 服务设计的原则

2010—2019 年是服务设计走向成熟的十年，2011 年，《服务设计思维》一书中提出了服务设计的五个原则，这些原则在设计界被广泛使用，成为服务设计研究和实践的重要指导原则。

服务设计的五个原则

1. 以用户为中心

站在用户的角度看待和思考问题，在洞察用户需求的同时，还要考虑所有被服务影响的人群。以用户为中心要求在服务过程中要从用户的视角审视和还原整个过程，注重用户的体验和感受。

2. 共同创造

服务系统中的利益相关者要参与到服务设计流程中，在明确以用户为中心的共同语言后，激发用户、服务设计人员、服务提供人员、服务管理者等，使各个角色一同进行服务设计。通过收集多方诉求，从不同的视角看待问题，从而提供更好的服务体验。

3. 有序的

服务是一段时间内的动态过程，掌控好服务的节奏，将其有序呈现是创造舒适用户体验的基础。

时间线和服务的节奏对用户来说很重要。比如，当你走进一家咖啡馆的时候，从进店、选套餐、结账、逛店、落座、用餐到离店，服务设计要考虑好每个环节给用户带来的节奏。注重节奏的掌控和用户情绪的控制，把用户与服务的每一个触点联结起来，将服务脉络清晰地表达出来，为客

图 1-5 绿茶餐厅的沙漏

户提供有序的服务和舒适的体验。

4. 有证据的

将不可见的、无形的服务适时展现出来。

很多服务是在后台进行的，用户无法感知，如何将无形的服务有形地展现出来，让服务对象看到这些服务背后的故事，为被服务者提供良好的体验。这是服务设计师要考虑的。比如，绿茶餐厅用沙漏计时的方式（图 1-5），将提供快速上菜的服务可视化，将无形服务展现给用餐者。

5. 整体性

着眼于整个用户旅程，从多维感官渠道（视觉、触觉、听觉、嗅觉和味觉）出发，兼顾多方利益相关者，创造全方位的用户体验。

迭代后的六个原则

2018 年，《服务设计实践》（*This is Service Design Doing*）一书根据服务设计的发展，在上述五个原则的基础上形成六个原则：以人为中心

（Human-Centered），协作的（Collaborative），迭代的（Iterative），有序的（Sequential），真实的（Real）和整体性（Holistic）六个原则：

① 以用户为中心的原则迭代为“以人为中心”，这里的“人”是指所有被服务所影响的人。以人的需求为中心，关注服务中利益相关者的需求。

②“协作的”原则要求不同背景的利益相关者一起积极参与服务的进程。

③“迭代的”原则指服务设计是一个探索性的、变化的和实验性的过程，要不断迭代直到最终方案的落地。

④“有序的”原则是指服务应该被视觉化和精心策划。

⑤“真实的”原则是要求在现实中验证想法，用真实的原型将其呈现出来，无形的价值需要被证明为物理上或者数字上的有形性。

⑥“整体性”原则要求服务应该持续在整个服务和商业过程中关注利益相关者的需求。

服务设计是系统性的设计，这也导致了服务设计的复杂性。《服务设计思维》和《服务设计实践》中对服务设计原则的概述，对服务设计理论和实践产生了重要影响。但是，正如书中所指出的，服务设计是一个不断更新、迭代的过程（图 1-6），这些原则也在不断发展变化。

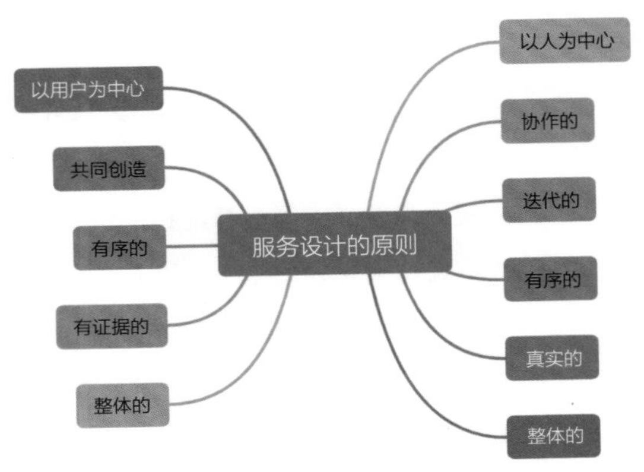

← 图 1-6　服务设计原则的迭代

其他原则

除了上述属性，服务设计还应具有包容性原则，即在不影响正常商业收益的同时，包容和体谅用户的过失。比如，顾客在预订酒店时，经常会被告知：如果在入住的前一天取消预订会被扣除第一天的入住费用，有的酒店或者民宿的取消条件较为苛刻，免费取消预订需要提前 3 ~ 7 天，这样的取消原则对用户的包容性较差。如果能在不影响酒店收益的情况下，对用户采取较为宽松的入住取消政策，允许用户临时免费取消，这样的高度包容性政策会为酒店赢得更多的客源。

日本的酒店东横 INN 实施了宽松的入住取消政策：对于非团体旅客，如果在入住当天的下午 4 点之前取消预定，不收取其任何费用。东横 INN 入住取消政策的高度包容性，也让酒店拥有了大量的注册会员，酒店在旺季往往一房难求，到了淡季也不乏住客。

1.5 服务设计的流程

在设计领域被广泛接受和传播的服务设计流程有："双钻模型"（Double Diamond）和"设计思维"（Design Thinking）。双钻模型的流程是：首先对问题进行发现和定义，经过开发和迭代，最终交付的过程。设计思维是通过共情、定义、构思、原型、测试五个步骤去发现和定义问题，经过设计产出、测试后进行迭代更新，最终获得最优解决方案。设计思维的出现早于服务设计，服务设计流程也是遵循"理解和调研""整理和定义""分析和综合""概念和构思""模型和试错""实施和推广"的流程，与设计思维的流程类似。

1.5.1 双钻模型

2004 年，英国设计委员会（UK Design Council）发布了双钻模型（图 1-7），这个模型从发现、定义、发展到交付（Discover，Define，Develop，Deliver）四个阶段对问题进行深入研究与解决。模型展现了设计工作中思维的发散和收敛的过程：第一个菱形代表着更广泛、更深入地探索问题的阶段（发散思维），第二个菱形是集中行动的过程（收敛思维）。

英国设计委员会规定了双钻模型的如下使用过程：

①发现：理解问题是什么而不是简单假设问题是什么。这需要与产生这些问题的相关人群去交谈，通过调研发现问题。

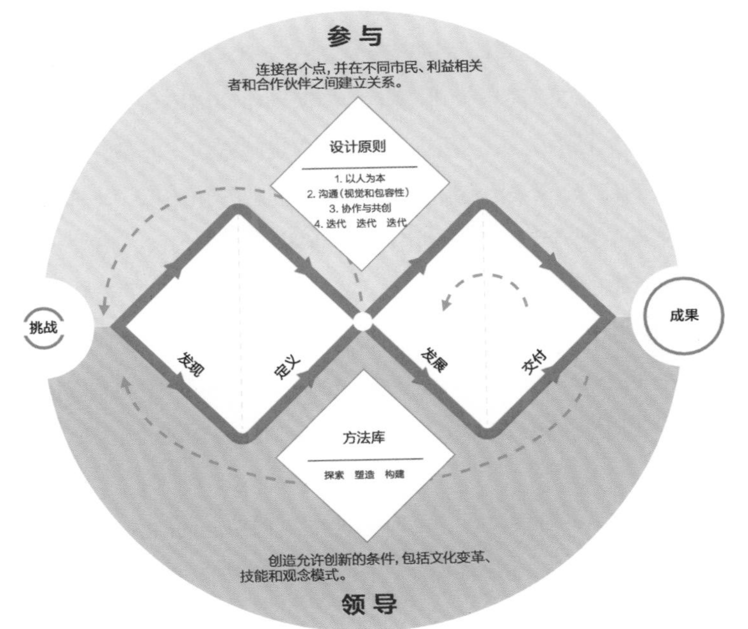

←图 1-7 双钻模型（图片来源：英国设计委员会）

②定义：调研阶段收集的意见要以不同的方式对问题进行定义。

③发展：针对有明确定义的问题给出不同的答案，然后寻找灵感进行设计创新。

④交付：交付涉及小规模测试，否定不起作用的解决方案，改进可行的解决方案。

这个过程并不是单一的线性发展过程，正如图中的箭头所示，很多问题会回到最初的地方，其模式被不断改进、测试和迭代。也没有任何想法是“完成的”，其都是不断发展变化的，正如问题的本身和解决问题的方式也是不断变化的。

丹・内斯勒的双钻模型

双钻模型是一个结构化的设计方法，它有很多版本，现在流行的是丹・内斯勒（Dan Nessler）于 2016 年提出的改进版双钻模型。改进版双钻模型更为细致地对模型进行功能划分，把实际工作中可能涉及的细节填充到模型中，将模型进一步落地。内斯勒将原模型与改进版模型的关系比作菜谱和烹饪的关系：菜谱提供菜肴的烧制方式，但是，其并不一定适合所有人的口味，不过，菜谱提供了制作的配方和流程，烹饪者根据个人口味和菜谱的配方可以进行适当调整，以满足个人的口味需求。

内斯勒的双钻模型提出了从“未知”到“已知”的过程，这不是一个简单的线性过程，而是一个复杂的、需要不断迭代的过程。内斯勒将双钻模型的两个阶段（两个钻石）定义为：做正确的事（Designing the Right Thing）和用正确的方式做事（Designing Things Right），具体细节如图 1-8 所示。

模型的第一阶段包含“发现—研究”（Discover-Research）和“定义—整合”（Define-Synthesis）两个阶段。发现—研究阶段是问题的定义阶段，这一阶段需要找到真正需要解决的问题，通过剖析问题、聚类主题对一手和二手资料进行研究。定义—整合阶段是“如何做”的阶段，从发现洞见、确定主题、寻找机会点，再到创建 HMW（How Might We）问题，一旦找到了要真正要解决的问题，就要保证用正确的方式去解决问题。

模型的第二阶段包含“发展—概念”（Develop-Ideation）和“交付—实现”（Deliver-Implementation) 两个阶段。发展—概念阶段通过大量产出想法和评估来寻找可能的解决方案；交付—实现阶段则通过开发原型进行测试、分析、学习和迭代来完成构建和测试，从而最终定案。在这两个阶段的四个步骤中，设计师的思考方式也经历了“发散—汇集—再发散—再汇集”的过程。

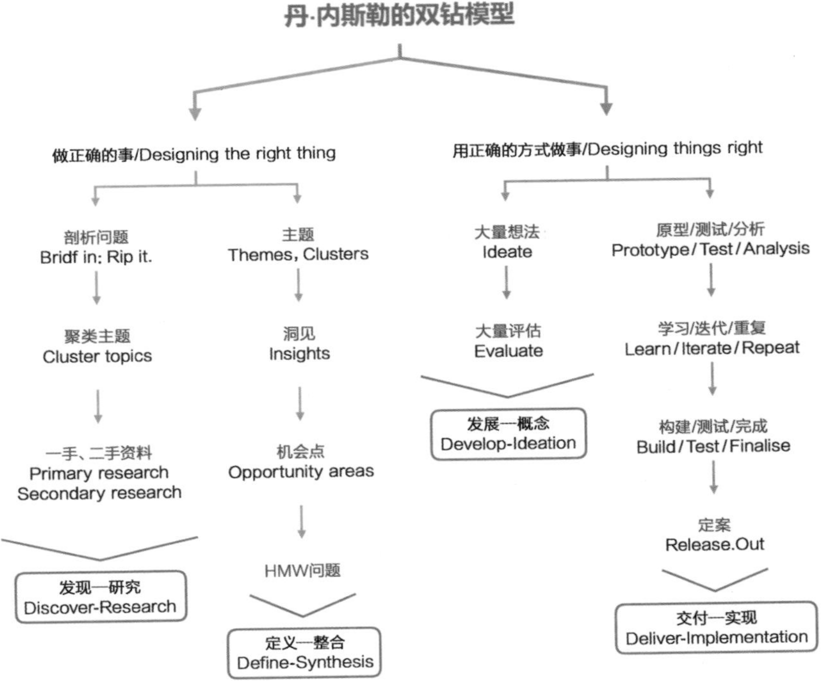

← 图 1-8 丹·奈斯勒的双钻模型

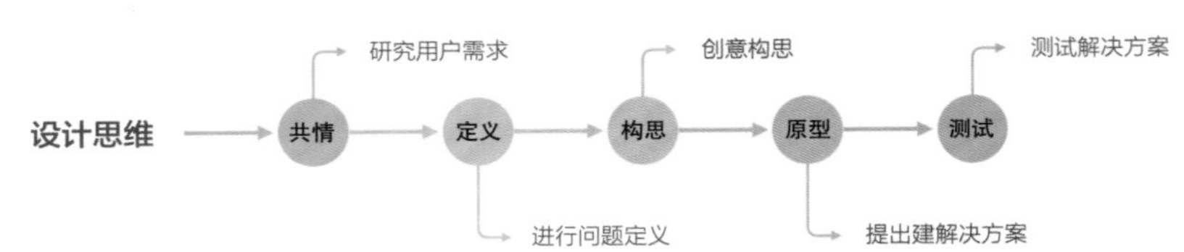

图 1-9 设计思维

1.5.2 设计思维

IDEO 是第一家将设计思维应用于解决商业问题的公司，IDEO 的执行主席蒂姆·布朗（Tim Brown）认为，设计思维是一种以人为本的创新方法，它从设计师的工具包中汲取灵感，将人的需求、技术的可能性和商业成功的要求整合在一起。像设计师一样思考可以改变组织开发产品、服务、流程和战略的方式。交互设计基金会（Interaction Design Foundation）给设计思维的定义是：它是一个非线性的迭代过程，团队使用它来了解用户、挑战假设、重新定义问题，并为原型和测试创建新的解决方案。这一方法适合解决定义不明确或未知的问题。斯坦福大学设计学院将设计思维的流程定义为五个阶段：共情（Empathy），定义（Define），构思（Ideate），原型（Prototype），测试（Test）如图 1-9 所示。

设计思维的流程

1. 共情——研究用户需求

在这一阶段，研究者需要对所研究的问题有同理心，其通常是通过用户研究来实现的。同理心是实现以人为本设计过程的关键要素，可以通过访谈、焦点小组、情境访谈、日记调研等方法去了解用户的真正想法和真实处境，把自己当作用户，沉浸到真实的产品使用情境或服务环境中去。

2. 定义——进行问题定义

用户共情阶段收集的数据需要在这一阶段进行分析和整合，经过观察、分析和总结对核心问题进行定义。问题定义也被称为问题陈述

（Problem Statement），定义问题的关键在于其具有深刻的洞见，能扎实地进行问题陈述。可以通过创建人物角色（Personas）来确定研究或设计实践所聚焦的人群，确定以人为本的宗旨。数据综合分析可以使用同理心地图、亲和图、用户旅程图等。

3. 构思——创意构思

这是概念的形成阶段，在前两个阶段的扎实研究基础上，针对要研究的问题寻找替代性的解决方案，跳出条条框框的限制，采取创新性的解决问题的方式，并形成概念。最常用的方法是头脑风暴法和 SCAMPER 创新法（“奔驰法”）。

4. 原型——创建解决方案

这属于原型测试阶段，可以准备产品或纸面原型进行测试，探索问题可能的、最佳的解决方案。

5. 测试——尝试解决方案

评估人员进行原型测试虽然是设计思维的最后一步，但设计思维是不断迭代的，设计团队经常利用测试结果来重新定义或改进问题，从而返回之前的步骤重新进行下一轮的测试迭代。

1.6 复杂的服务设计

服务设计涉及商业、设计、社会科学和科技等领域，这种跨学科性也让服务设计具有更加复杂的属性。要搞清服务设计还要明确服务设计和用户体验的关系；服务设计和协同创新的关系；服务设计和其他学科的关系。

1.6.1 服务设计与用户体验

体验是在经历中的感受与发现，是认识世界的根本途径。体验包含直接体验和间接体验，直接体验是我们通过五种感官实现的，即我们通过视觉、听觉、嗅觉、味觉、触觉不停地感知这个世界；而间接体验是通过口碑的传播、共识的达成、知识的积累形成的。服务设计中的用户体验是指用户在使用服务系统的时候，在使用前、使用中和使用后的全部感受。

服务设计不等同于用户体验，这一点毋庸置疑，服务设计中对用户体验的价值的关注是服务设计的核心价值之一，这一核心价值体现的是服务的使用价值与关怀价值。一方面，服务设计的发展为改善用户体验提供了新的思路，用户从服务中享受到服务所提供的使用价值。另一方面，用户体验的满意与否也决定了服务体验的优劣，服务中所提供的人文关怀与情感呵护体现了服务的关怀价值。服务设计的目标是通过满足用户需求，为用户提供整体的、友好的服务体验。这一目标的实现，可以从服务前、服务中和服务后的全过程来设计服务，通过全触点即物理触点、数字触点、人际触点等，为用户提供多方位的友好体验。

星巴克臻选®上海烘焙工坊

这是一个体验至上的时代，星巴克臻选®上海烘焙工坊是在2017年12月正式开业的，作为一间全沉浸式咖啡体验门店，顾客在这里将感受到全方位互动式的咖啡体验。

在线下体验方面，星巴克臻选®上海烘焙工坊精心布局，通过与服务设计师合作，先聚焦用户旅程，再进行触点创新，对物理触点、数字触点和人际触点进行规划，注重整体流程中各个触点的互动，为用户提供全触点的优质体验。

在物理触点的设计上，弧形吧台、楼梯和六边形的木质天顶的设计灵感都与咖啡有关，这是一间处处彰显咖啡文化的体验店（图 1-10）。顾客在店内还能欣赏咖啡的整个生产制作过程，看着咖啡从一颗颗绿色的咖啡生豆开始，经过除尘、烘焙、出豆、进仓、袋装的一系列生产流程，再经工业化的烘焙与艺术化的冲煮之后，一杯美味醇香的咖啡就成为顾客的饮品。咖啡的香气混杂着食物的香气，在店里喝一杯咖啡能带来感官上的愉悦享受。

作为一间“智慧门店”，星巴克臻选® 上海烘焙工坊为顾客提供线上、线下的数字体验服务。只需打开手机淘宝扫描二维码，登录星巴克上海臻选工厂的手机版网页，就能获知线下门店不同区域的 AR 体验区。借助 AR 扫描功能还可以了解咖啡的故事，开启沉浸式的体验之旅。

在数字触点上，咖啡豆通过管道运输至吧台时会发出声响，仿佛在演奏了一曲“咖啡交响乐”，再融合店内的音乐、AR 扫码，这增强了顾客的视觉和听觉体验。

在人际触点上，咖啡师、导购员、店员、咖啡豆烘焙师、甜点烘焙师、保安等的着装和话术，都致力于为顾客提供完美的服务。

← 图 1-10　星巴克臻选® 上海烘焙工坊

星巴克注重由触点驱动产生的体验，围绕产品和服务优化用户触点，为用户与品牌的互动过程提供全方位的优质体验，星巴克的营销策略是成功的。然而，随着不断变化的消费需求，用户体验要如何发展，这对服务设计师提出了新的挑战。埃森哲（Accenture）公司的调查报告显示，出色的服务设计并非由产品与服务所决定，而是企业如何助力用户获得他们想要的结果。因此，要突破现有理念，不再将触点视为体验的起点和终点。当用户与品牌互动时，其都抱有自己的目标，要帮助用户快速、轻松地获得他们想要的结果。用户体验未来的发展要向价值引领的体验思维转型，围绕用户目标，满足用户需求。不久的将来，出色的体验将成为企业生存的必要条件。

1.6.2 服务设计与协同设计

关于协同设计

“共同创造”作为服务设计的原则之一，由《服务设计思维》一书界定。共同创造源于参与式设计（Participatory Design），与之类似的概念还有共同设计、协同设计（Co-design），这两个术语经常被等同。协同设计是指，在设计和开发过程中设计师与最终用户一起协作，共同创建产品、服务方式的行为。协同设计反映了设计师与用户关系的根本变化，用户不再只是使用者和消费者，他们更是创造者，用户通过自身经验成为设计环节的参与人员和合作伙伴，并在问题的提出和解决方面作出创造性的贡献，对设计过程起到至关重要的作用。协同设计让用户和设计师之间建立了更加紧密的联系，并预设所有人都具有创造力，用户通过自身经验表达不同的观点，不仅能增进设计师对用户需求的了解，同时为设计的创新方向提供多样化信息，从而设计出更高质量、更具差异性的产品或服务。

协同设计的原则

麦克彻（McKercher）指出了协同设计的四个原则：共享权力（Share Power），优先考虑关系（Priorities Relationships），使用参与式的方式（Use Participatory）和构建能力（Build Capability）。协同设计提倡用户参与整个设计过程，用户在他们擅长的领域是专家。协同设计的这些原则和方法同样适用于服务设计，服务设计的参与性和以人为中心原则，需要在与利益相关者协同设计的过程中实现权利的共享。

共用的工具

协同设计常用的工具有：设计游戏、角色扮演、团队草图、问题卡片、粗略原型、动机矩阵、思维导图、讲故事、人物简介、亲和图、乐高严肃游戏等，这些工具中的一部分也是服务设计常用的工具。比如，亲和图可以用来总结访谈结果，亲和图法是基于头脑风暴的原理，通过群体性的共同创造，把大量数据包括想法、问题或解决方案等整理为有逻辑、结构化的不同主题的方法（图 1-11）。[1] 亲和图不仅是协同设计的工具，在服务设计中也常被用来分析访谈记录。正如前文所提到的，服务设计作为一个复杂的系统，需要使用协同设计的工具和方法。

[1] VisualParadigm Online 是绘制亲和图的线上工具，该工具可以帮助研究者和设计师更便捷地绘制亲和图。

1.6.3 服务设计与其他学科

茶山在《服务设计微日记》中，以一把雨伞为例，生动地描述了服务设计与工业设计、交互设计和用户体验之间的关系。在工业设计层面，设计雨伞需要考虑颜色、功能、材质和结构；在交互设计层面，需要考虑的是雨伞的可使用性和便利性；在用户体验层面，考虑的是雨伞带给用户的感受；而在服务设计层面则需要考虑雨伞的有形价值和无形价值，即雨伞

图 1-11 亲和图法

作为商品的使用价值和雨伞的人文体验价值。

服务设计涉及的范畴很广，涵盖工业设计、室内设计、建筑设计、空间设计，以及交互设计和用户体验等。工业设计、室内设计、建筑设计和空间设计为服务中的硬件和服务设计载体；交互设计让数字触点的使用更加便利；全方位的用户体验策略能从整体上提升服务的品质和体验。

服务设计还与科技的发展紧密相关，比如，人机交互技术的发展是数字触点设计和提供良好服务体验的基础，例如，星巴克臻选® 上海烘焙工坊通过 AR 扫描，让用户进行沉浸式体验。

服务设计包含商业服务设计和公共服务设计，在商业服务设计中，服务设计不只是设计服务本身，更是设计与服务相关的整个商业系统。在市场营销和商业研究中常用的一些工具，如服务蓝图、利益相关者地图、商业模式画布、SWOT 分析、市场调研等也被服务设计所采用，用来洞察用户需求，进行服务设计创新。

服务设计还涉及社会科学领域，一些社会学、人类学的方法常被用于服务设计研究，比如，民族志的方法可以用于收集定性数据，发现用户需求或进行问题探索。

第 2 章

方法和工具

这一章节按照服务设计的不同阶段对使用的方法和工具进行划分，具体内容如下：

1. 数据收集阶段使用的定性研究方法；
2. 数据收集阶段使用的定量研究方法；
3. 数据分析和总结阶段使用的定性研究工具；
4. 数据分析和总结阶段使用的定量研究方法；
5. 方案产出阶段使用的工具；
6. 方案筛选阶段使用的工具；
7. 原型设计和验证阶段使用的工具。

2.1 定性数据收集

2.1.1 桌面研究

桌面研究（Desk Research）也被称为次级研究（Secondary Research），目前广泛使用的是桌面研究这一术语（图 2-1）。桌面研究是通过二手资料进行分析和研究的研究工具，是研究用户的基础技能。桌面研究的重点在于，根据研究问题或者研究目的对二手资料进行搜集、筛选、整理和分析，二手资料包括网络资料、杂志、书籍、文档等。桌面研究是站在“巨人”的肩膀上，基于前人研究成果的二次调研，帮助调研者对研究内容形成初步认识，避免重复研究。

图 2-1 桌面研究

做好桌面研究需要掌握以下方面内容：

1. 明确目的

第一步是要明确研究目的，研究目的是研究要达到的目标，在研究开始之前要明确桌面研究达到什么样的目的，这样可以少走弯路，避免收集的资料没办法使用。

2. 搭建框架

在理顺研究问题之后，要做的工作是搭建框架来明确资料收集的范围，确保收集的资料有效、有序，不偏离主题。一般来说，框架包含与研究问题相关的市场状况、行业现状、产品或品牌的定位、竞品分析、相关用户研究等。因此，可以针对研究问题的需要选择相应的类别来搭建框架。

3. 收集资料

资源收集的来源分为以下六类（图 2-2）：

- 论文检索平台：常用的有谷歌学术、ScienceDirect、Web of Science、知网、万方数据库等，这一类资料以学术研究为主，往往用于设计研究方向的课题。
- 相关书籍：与设计研究或项目相关的书籍，这类资料以系统性的知识为主，因为书籍从写作到出版的周期较长，难以保证信息提供的及时性。
- 研究报告：各种类型的行业报告，政府研究机构发布的白皮书、行业协会发布的宏观数据，以及权威的媒体、杂志或报刊发布的信息等。尤其是行业协会发布的报告，这些报告看起来有些“过时”，研究者却可以从中发现很多有用的信息。比如，由北京光华设计发展基金会和 XXY Innovation 联合发布的《2020 中国服务设计报告》，从“大服务、全行业”的服务设计理念着手，对新时代背景下的服务业、服务设计的大众感知、服务设计行业状况，以及服务设计教育发展现状进行了梳理，这一报告可以为服务业的从业者、设计师和教育者提供相

图 2-2 资料收集

应的职业规划和政策建议。

- 设计网站：各类设计网站，包括设计师个人网站、行业协会、设计机构的官方网站等，比如：全球服务设计联盟（SDN）的网站会提供各种与服务设计相关的竞赛、会议、新闻，介绍服务设计相关的知识、案例等。各种类型的设计网站还可以提供服务设计相关的研究方法、思路等。
- 社交平台：知乎、Facebook 等社交平台提供服务设计相关话题的讨论平台，如知乎中有各种关于服务设计的帖子，Facebook 中也有和服务设计相关的小组，通过平台讨论，可以获得用户需求及使用反馈。
- 除此之外，资料收集还可以在公司内部进行，调研者可对项目的利益相关者，尤其是客户，以及与客户沟通最多的员工等，探讨他们对以往项目的见解。

4. 筛选整理

在文献资料检索收集的过程中，要先确定研究的关键词，比如，要进行用户对产品的情感需求的桌面研究的话，关键词就可以包含情感的扩展词汇：“积极情感”“消极情感”，或者与产品相关的情感关键词。检索后的文献资料，如果是学术论文，可以通过阅读文章摘要迅速判断其与研

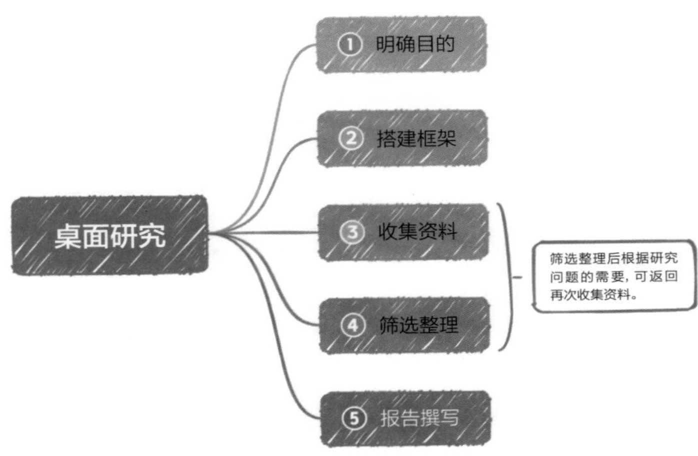

← 图 2-3　桌面研究步骤

究主题的相关性。对于与研究主题相关度较高的文献，需要进一步对其进行详细阅读。对于其他类别的资料要快速浏览，进行价值判断，不断搜索汇集更多资料和信息。经过反复几轮的资料收集后，记录核心资料，对相关资料进行分类整理。根据项目需要可以使用 PESTEL 分析模型、SWOT 法对资料进行整理。针对筛选整理后的资料，可以根据研究问题的需要，再次进行资料收集（图 2-3）。

5. 报告输出

筛选整理后的资料根据此前搭建的框架进行填充汇总，根据研究目的撰写研究报告。

2.1.2　用户访谈

用户访谈是用提问的方式与用户进行交流，从而获取用户体验的一种方式。访谈法分定量访谈和定性访谈两类；如果按照参加人数来划分，其可分为单人访谈和团体访谈；按照采访者主导性程度，其可分为指导型访谈和非指导型访谈；按照访谈提纲，其可分为结构型访谈、半结构型访谈

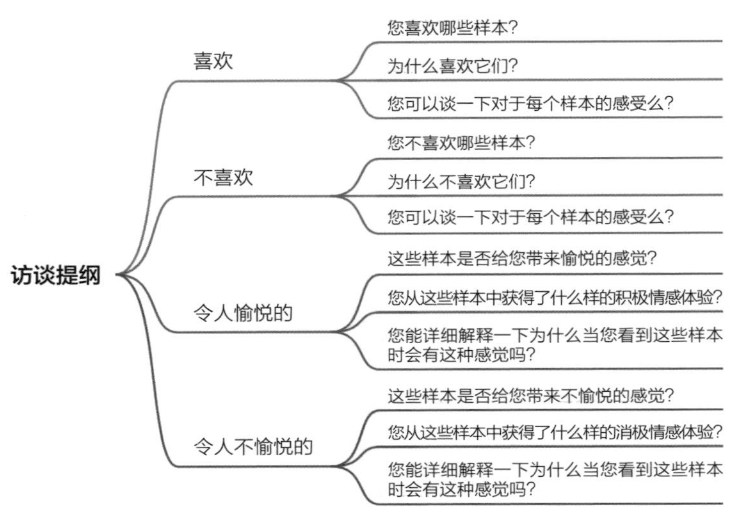

图 2-4 访谈提纲

和非结构型访谈。而在服务设计研究中，常用的访谈模式为单人定性访谈，这种访谈模式也多被称为深度访谈，访谈可采用半结构型或非结构型访谈模式。

用户访谈是常用的用户研究方法之一，访谈法具有非常强的灵活性，其可以根据设计研究的需要被调整。访谈开始前要进行相关准备，即准备好相应的记录设备，安排好访谈时间、地点，根据设计项目或设计研究的需要确定访谈的类型，以及思考采用何种方法分析访谈后的数据等。

以单人半结构型的定性访谈为例说明访谈的流程。如图 2-4 所示的访谈提纲，在设定访谈提纲之前要明确研究目的，这一研究的目的是探索用户对被测评样本的积极和消极的情感体验。访谈从四个方向即喜欢、不喜欢、令人愉悦的、令人不愉悦方向设定访谈问题，每个方向的构面包含三个问题。访谈提纲设定完成后，需要进行受访者招募和访谈，初期问卷设定过程中可能存在对研究目的思考不够，访谈问题设定不正确等问题，因此可以在第一轮访谈后对访谈提纲进行修改，然后根据修改后的访谈提纲对单人进行深度访谈。

访谈后可以使用音频转文字的工具迅速对访谈稿件进行整理，如果采取团队合作的模式进行访谈的话，可以在访谈分享会之前将访谈文字发给团队成员进行共享。此后，访谈文本可以作为人物角色、同理心地图、用户旅程图等的数据分析、总结阶段的基础素材。

2.1.3 民族志方法

民族志研究是一种研究类型，其是指通过观察或参与被研究人的生活，对其进行深入、系统的研究。民族志方法是一种定性研究方法，起源于 20 世纪初，是人类学的一种研究方法。民族志的研究方法有多种，最常用的研究方法有观察法、访谈法和文化探针（Cultural Probe）：

1. 观察法

观察法是一切科学研究的基本方法之一。观察法是指运用自己的感官和辅助工具去直接地、有针对性地了解正在发生、发展和变化着的现象。观察法分为实验室观察法和实地观察法，实地观察法分为局外观察和参与观察，本节中的公开性参与式观察和隐蔽性参与式观察属于参与观察的类别。

●公开性参与式观察

研究者需要介入事件才能观察到完整情况的方法，叫公开性参与式观察，其常被用于社会学和民族志的研究中。在研究场景中，观察者公开身份参与观察，这种方法适用于不涉及特殊群体、特殊内容和情境的研究，如企业调研、乡村调查等。参与式观察的优点在于其了解的情况更加深入、细致，能体验到被观察者所感受的东西。缺点在于其所得到的资料缺乏信度，资料难以量化，研究结果不能复制。

公开性参与式观察分五个步骤：决定研究场所；进入研究场所；建立良好关系；实地观察工作；实地做笔记和访谈整理。

●隐蔽性参与式观察

研究者没有公开身份，而是隐蔽性地参与观察的方法，适合于访问一些特殊的群体或者行业，如对流浪汉的研究、对监狱中罪犯的研究等。曾经有一些观察者将自己装扮成流浪汉的样子，混迹于纽约的街头，他们忍饥挨饿，忍受了福利部门的白眼，最终完成了极其生动的研究报告。

2. 访谈法

访谈法，是指以口头交流的形式，调查者根据调查需要向访谈者提出相关问题，并根据回答收集材料，以此用于学术研究的方法。与文献研究法、数据分析法等的研究方式不同，访谈法的研究对象是“人”，整个研究工作都需要围绕着人进行，是一项直接从受众身上得到所需数据或结论，并作用于研究对象的方法。常见的访谈法主要有：面对面访谈、电话访谈、个别访谈、集体访谈等。

访谈法一般有如下步骤：①合适的提纲设计；②恰当的提问与回应；③及时的信息记录。

访谈法广泛适用于教育调查、求职、咨询等，既有事实的调查，也有意见的征询，更多用于个性化研究。

3. 文化探针

文化探针是1990年后期，一个名为“Presence”的研究团队提出的，该团队的研究项目由欧盟资助，团队成员是欧盟中的许多成员国的研究人员和设计师。这种方法被用在设计调研过程中，是一种以用户为中心的方法，通常用于协同设计、用户体验设计和服务设计中，可以帮助我们更好地理解人类现象和探索设计机会。通过运用这种方法，调研者能够收集到特定群体的生活、想法等方面的数据，是设计过程中有效激发创意的方法。

文化探针的具体流程如图 2-5 所示，项目负责人首先召开简介会，向选定的参与者介绍详情，并向他们提供一个工具包，教会他们如何在特定的时间使用这种工具包进行记录，例如，记录特定的事件以及对事件的感受和事件中的行为，收集人们思想和行为的线索。设计师随后将这些记录中的关键点，如痛点、文化、习惯等转化为设计灵感。

工具包中包括任何可能需要的道具，如地图、相册、日记本、笔、便利贴等，方便参与者进行观察、拍照、记录。为了激发参与者的积极性，在简介会后，还要与参与者保持联系，进而与其进行面谈确保其参与的积极性，并收集所需要的信息。在规定的期限截止后，要对收集的资料进行分析。通常情况下，还要举办一次简报会来补充、验证参与者收集的信息，以确保数据的可靠性，然后再对收集到的信息加以记录和分析。

文化探针不是一个正规的研究方法，但是，它的非正规性和随意性可以让研究人员和设计师从参与者的角度获取他们对事件的看法、认知和体验，其适合探索特定人群。它的局限性在于主观性很强，很难保证收集数据的科学有效性，这些数据不适合被深入分析，而且很难激励参与者做这件事，回报率低。

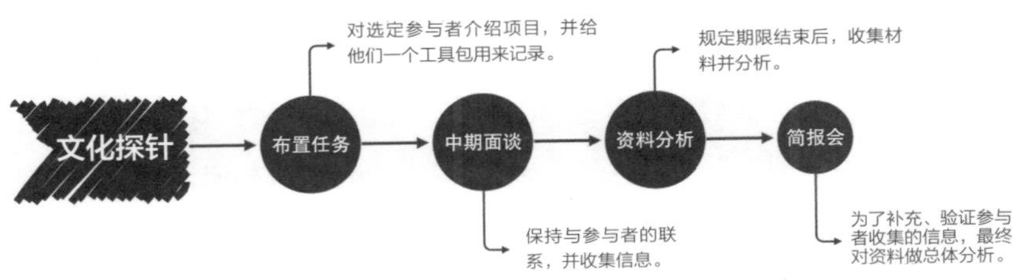

← 图 2-5 文化探针的流程

2.2 定量数据收集

什么样的研究适合使用定量的方法？明确这一点很重要。一般情况下，定量研究适用于问题研究中，发生变化的因素可以被指标化、数值化，并且容易被观察或测量。比如，人们的收入水平与参与健身活动之间的关系。

2.2.1 定量访谈

服务设计师要做出正确的选择，通常要将定性和定量研究组合起来使用，这样有助于其找到创新性的设计解决方案。

定量访谈的目的是将呈现给被访谈者的问题标准化，并通过访谈提纲收集数据。定量访谈的提纲与问卷非常相似，因此，也有研究者将这类访谈的提纲称为问卷。访谈提纲是研究者撰写的脚本，作为数据收集的工具，包括问题、反馈类别和说明等内容。在进行访谈的时候，访谈者要将提纲读给被访谈者听，然后将答案记录在纸上。表 2-1 节选自“扶植传统工艺的政策措施专题研究”访谈，这样的访谈内容与问卷很相似，而两者的根本不同在于：定量访谈中，访谈者需要向被访谈者读出提纲中的问题，然后记录访谈的答案，而问卷则由被访谈者自行填写。

表 2-1　定量访谈案例

<table>
<tr><td colspan="6">希望采取哪些措施?
程度从 1 到 3，1 表示急需，3 表示不需要</td></tr>
<tr><th>措施类型</th><th>包含</th><th>具体内容</th><th colspan="3">需要程度（递减）</th></tr>
<tr><td rowspan="3">激励型措施</td><td rowspan="3">金融措施</td><td>优先贷款，优惠贷款</td><td>1</td><td>2</td><td>3</td></tr>
<tr><td>外贸外汇方面的支持</td><td>1</td><td>2</td><td>3</td></tr>
<tr><td>设立企业创新风险基金</td><td>1</td><td>2</td><td>3</td></tr>
</table>

2.2.2　问卷法

问卷作为一种数据收集工具被广泛用于设计调研中，使用问卷收集数据的方法就是问卷法（Questionnaire），也叫问卷调查法，该方法最早应用于心理学领域，德国、美国、法国的心理学家们在 19 世纪末 20 世纪初率先使用问卷法进行心理学方向的调研。后来，问卷法被广泛应用于医学、民意调查和社会学各个领域。使用问卷进行用户研究可以在短时间内获得大量的数据，这些数据可以帮助研究者和设计师确定下一步的设计研究方向。

问卷是一堆问题的集合，可以收集定性、定量和混合数据，问卷根据问题的结构程度分为结构问卷、半结构问卷和无结构问卷三类。问卷法是收集量化数据常用的方法，一般情况下，问题是出题人设定的，因此具有一定的倾向性，它不适合用于研究开始阶段，而适合用于明确了整体的研究方向后对推测进行验证上。

设计问卷、发放问卷、回收和审查问卷是实施问卷法的一般流程。问卷的设计要与研究目的紧密相关，这对于初学者来说是个挑战，日常的教学中经常遇到学生设计的问卷与研究目的关联性不紧密，导致收集的数据无法为设计研究和设计实践提供参考的情况。问卷内容和结构的设置取决于研究目的，问题项与研究目的相匹配是问卷设计的基本原则。共情是问

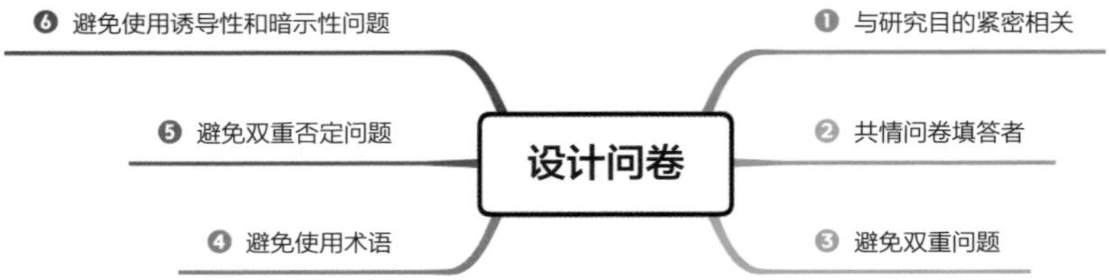

图→ 图 2-6 设计问卷

设计问卷
❶ 与研究目的紧密相关
❷ 共情问卷填答者
❸ 避免双重问题
❹ 避免使用术语
❺ 避免双重否定问题
❻ 避免使用诱导性和暗示性问题

卷设计的第二个原则，要站在问卷填答者的角度进行思考，考虑这份问卷对于他们来说是否有意义。要使用问卷填写者能理解的语言设计问卷，避免使用艰涩难懂的术语。还要避免双重问题、否定和双重否定的问题。问卷中的题项要尽可能使用简短的话语进行清晰描述，不使用诱导性或暗示性的问题，陈述问题要采取中立的立场（图 2-6）。

双重问题是指一个提问中隐含两个问题，即在一个问题中询问两件事情，比如：你的父母的受教育程度是怎样的？这里包含两个问题，一个是你的父亲的受教育程度，一个是你的母亲的受教育程度。还要尽量避免在题干中使用否定或双重否定问题，比如：目前政府提出的政策不能满足民营企业的发展需求，这是一个否定问题，在问卷设计中要尽量避免。如果一定要使用否定问题的话，要用下划线、加粗等形式对其进行强调，以引起问卷填写者的注意。诱导性和暗示性的问题，在问卷设计中也是要避免的，如表格 2-2 所示，“难道你不同意参加补习班会提高学生的成绩吗？”就具有诱导性和暗示性。

表 2-2　诱导性和暗示性的问题

难道你不认可参加补习班会提高学生的成绩吗?
□不
□是的
□不清楚 / 没意见

目前，公司常用在线问卷调查工具进行数据收集，常用的在线问卷调查工具有：问卷星、腾讯问卷、金数据、问卷网。问卷星是目前拥有最多使用者的问卷调查工具，它吸引人的一个功能是提供在线统计分析，可将问卷数据导入 SPSSAU 在线平台进行数据分析。

问卷法的优势在于问题设计的标准化，其操作方便，可以通过网络投放，调查面广；问卷调查后的数据结果可量化，操作速度快，成本低。问卷法的弊端是问卷设置的题目有限，如果是在线问卷，问题要控制在 15 道以内，如果问题过多，填写者往往没有耐心填完问卷。另一个问题是调查的质量没有办法控制，对问卷填写者的文化水平有要求，不常使用电子产品的老年人，文化水平较低的群体在理解问卷内容上也存在问题。

2.2.3 量表法

问卷就是一堆问题的集合，可以根据研究需要进行编写，公司如果需要进行问卷调查，问卷内容可以由用户调查人员编写。而量表的要求则很高，往往需要几年时间才能完成。目前，公司常用来做调研的两种量表是李克特量表和语义差异量表。

1. 李克特量表

李克特量表（Likert scale）是由美国社会心理学家 R.A. 李克特（R.A. Likert）在 1932 年创设的反映受访者心理状态的量表，这一量表目前被广泛用于调查研究。李克特量表是由一组对某事物的态度或看法的表述组成，通过测量可以具体地了解受访者对题项的认同程度。比如，五分量表对表述内容的态度分为“非常同意、同意、不知道、不同意、非常不同意”；七分量表的态度分为“极为同意，很同意、同意、普通、不同意、很不同意，极不同意”。五分和七分量表是李克特量表最常采用的，还有九分和十一分量表，但不常用。

表 2-3 是 ×× 餐厅服务体验测评的李克特七分量表。为了保证保证问

卷的有效性，要设计正反题目。正向题就按照从 1 ～ 7 分记分，反向题按照从 7 ～ 1 分记分。表 2-3 中的第七道题是反向题。

表 2-3　李克特七分量表示例

下述内容是关于 ×× 餐厅测评的题目，请根据您的服务体验，在以下空格内画“√”，表明您的态度。							
	极不同意	很不同意	不同意	普通	同意	很同意	极为同意
餐厅环境优美							
餐厅设施高档							
食物品质好							
价格合理							
出餐速度快							
服务人员言语亲切，着装整洁							
结账速度慢							
提供多种结账方式							
餐厅交通便利							
餐厅有足够停车位							
……							

制作李克特量表有以下六步（图 2-7）：①设计者要根据研究目的确认问卷的主题，针对主题设计大量的问题，问题要与对应的主题相关，且可测量主题的意愿、态度等。②邀请专家对所设计的题目进行评估，根据专家意见选定预测的题目。③初步设计好问卷，然后进行预测评。④对回收的预测评问卷进行分析，将判别率和区别率较低的题目删除。⑤进行信度分析（Reliability analysis），确认表格题目的内部一致性，删除导致量表信度下降的题目。⑥进行正式问卷测评。

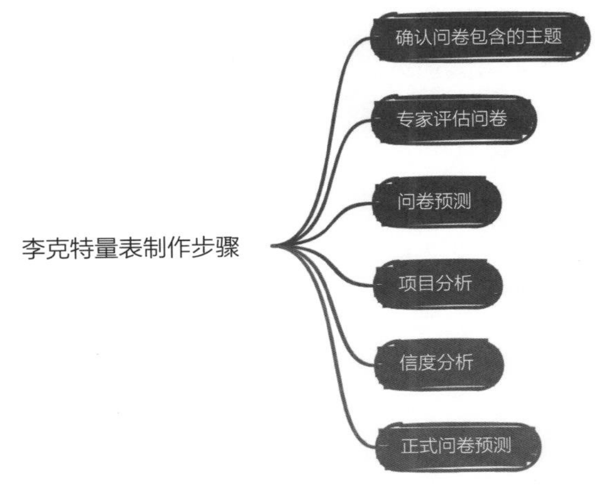

← 图 2-7 李克特量表制作步骤

2. 语义差异量表

语义差异量表（Semantic differential，SD）作为一种评分量表，是用来衡量对象、事件和概念的内涵意义的，是由美国心理学家查尔斯·埃杰顿·奥斯古德（Charles Egerton Osgood ）等人在研究中最先开始使用的。这一量表可以用于社会学、心理学等学科的研究，也同样适用于设计学的研究。语义差异量表由处于两端、意义相反的形容词构成，每一对词语中间被划分为 5 ～ 11 个等级，分别对应分值 1 ～ 11 分。

表 2-4 是关于某项服务体验的语义差异量表示例。通过形容词的设置，填写者根据自身感受，在量表上画“√”，从“非常赞同”到“非常不赞同”，总计 7 个分档，对应分值 1 ～ 7 分。

表 2-4　语义差异量表示例

×× 服务体验测评								
	非常赞同	很赞同	赞同	一般	不赞同	很不赞同	非常不赞同	
亲切的								冷漠的
舒适的								难受的

续表

	非常赞同	很赞同	赞同	一般	不赞同	很不赞同	非常不赞同	
快速的								缓慢的
流畅的								迟滞的
有价值的								无价值的
可信任的								不信任的

语义差异量表由被评估的事物或概念（concept）、量尺（scale）、受测者（subject）等要素构成。表 2-4 中选定的被评估事物是对某项服务的体验，量尺为表格两侧的形容词词组，被测评者则要根据研究的需要，选择适用的人群，如服务的潜在用户。

3. 其他量表

除了上述两种常用的量表外，还有数字量表（Numerical scale）、项目量表（Itemized scale）、图形量表（Graphic scale）、恒和量表（Constant-Sum scale）和行为量表（Behavioral scale）等。

- 数字量表是最简单、常用的量表，被测评者需要根据特定的问题，在两极相反的词汇或短语中选择合适的分值。最著名的例子就是对疼痛进行评分的数字量表（图 2-8），数值从 0 ～ 10 分，0 分表示无痛，分值越高则疼痛级别越高：1 ～ 3 分表示轻度疼痛，4 ～ 6 分表示中度疼痛，7 ～ 10 分表示重度疼痛，10 分为剧烈疼痛，该数字量表用于衡量患者承受的疼痛程度。数字量表也可以用于设计研究领域，比如进行产品测评，通过意义相反的词汇和短语的设置，测评用户对于产品的反馈。
- 项目量表是一种有序量表，每个题目有与之相关的简要描述或相应数值，按照比例进行排序，测评者需要选择最能描述被评价事物的选项。

该量表与其他量表的区别在于，填写量表之前已经预知了自己对测评项目的感受。如表 2-5 所示的某项服务的项目量表，从“非常不满意”到“满意”五个选项。在填答这个量表前，被测评者显然已经使用过这项服务了。

表 2-5　项目量表示例

您对现在使用的 × × 的服务满意吗?						
非常不满意	○	○	○	○	○	非常满意
	1	2	3	4	5	

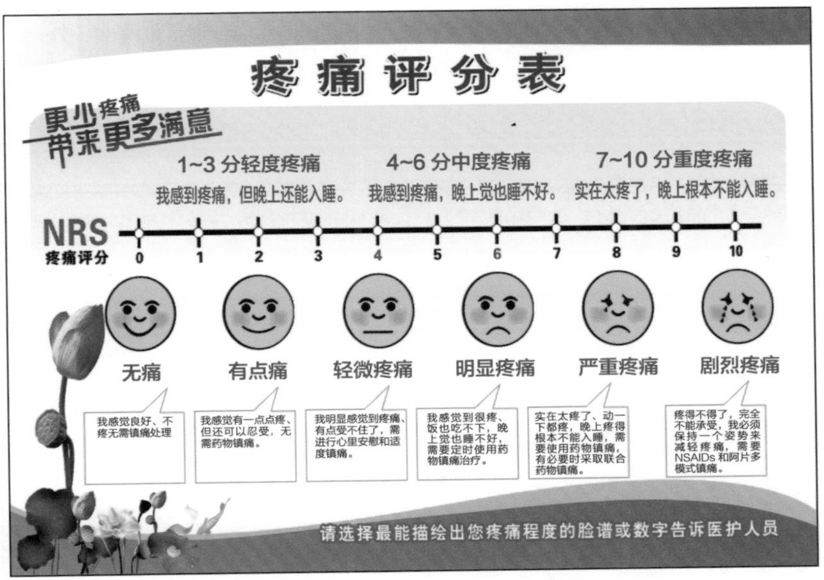

← 图 2-8　数字量表示例

- 图形量表的特点在于每个题目的选项以一条水平线来表示，评分的方法是在线条上做记号，而不是选择一个数值。如表 2-6 所示对某产品的测评，被测评者根据自己的主观感受，在线条的相应位置画“√”。

表 2-6　图形量表示例

通过在下面线段打√来表达你对该服务体验的看法。			
流畅性	非常差	●——————●	非常好
舒适性	非常差	●——————●	非常好
品质	非常差	●——————●	非常好
性价比	非常低	●——————●	非常高

- 恒和量表是市场调研中常使用的量表，分数的分配可以详细表明每个类别的方差和权重。如表 2-7 对某产品的测评，要求从实用性、外观、造型、使用体验、后期维护和可回收角度进行评价，被测评者要对每一项进行打分，总分不能超过 100 分。

表 2-7　恒和量表示例

请你对产品进行评价，从产品的如下特征对产品进行打分，满分为 100 分。	
实用性	分
外观	分
造型	分
使用体验	分
后期维护	分
可回收	分
	100 分

- 行为量表通常用来验证被测评者参与某项服务的可能性。如表 2-8 所示对参与者使用行为的预测，从“我一定会使用”到“我一定不会使用”共五个选项。

表 2-8　行为量表示例

你会使用 ×× 服务吗？	
○	我一定会使用
○	我会使用
○	我有可能使用
○	我不会使用
○	我一定不会使用

2.3　定性数据分析和总结

桌面研究、用户访谈、民族志方法、定量访谈、问卷法和量表法都是数据收集的工具和方法。在完成数据收集工作后，这些定性和定量的数据要经过分析和总结，找出用户需求，发现设计的机会点。这一节主要介绍如何使用人物角色、用户旅程图、同理心地图、服务蓝图、利益相关者地图、待完成的工作、HMW 问题、凯利方格法、KANO 模型等工具和方法进行数据分析和总结。

2.3.1　人物角色法

在创建服务的早期，首先要明确用户是谁？他们是怎样思考的？他们的目标是什么？他们的需求是什么？他们为什么要使用某个品牌的产品或

图 2-9 人物角色

服务？要做到以用户为中心，第一步就是要创建人物角色（Persona）。人物角色法是一种抽象的方法，是目标用户的集合。人物角色工具是勾画目标用户、挖掘用户诉求和设计方向的有效工具。人物角色是多维度的数据组合，包含群体的自然属性和社会属性，自然属性是群体的年龄、性别、学历、人生阶段、收入水平、消费水平、所属行业等；社会属性包含群体的生活习惯、行为特征等。

阿兰·库珀（Alan Cooper）很早就提出了这一概念：人物角色是真实用户的虚拟代表，来源于研究中众多真实用户的行为和动机，是建立在真实数据基础之上的目标用户群体，用来分析用户的行为、思想、情感、消费倾向及真实需求等。人物角色工具可以用于定性数据总结，应用范围很广，是以用户为中心的设计和研究工具。

建立人物角色，首先要进行数据分析与属性排序，通过对定性访谈资料的分析，对目标用户群体的自然属性、生活习惯、行为特征等进行排序；然后细分用户群，绘制人物角色的画像，根据服务的使用场景，分析用户的使用偏好和行为动机，深挖用户痛点和期望值；再根据这些资料创建用户档案。档案所包含的内容如图 2-9 所示。

通常情况下，在建立好人物角色之后，项目组会将其悬挂在墙上，用来提醒研究团队：我们的目标用户是谁，他们的需求是什么？从而帮助研究团队能够站在用户的立场上思考问题，避免走入研究者个人认知的误区。

如图 2-10 所示的人物角色案例，这是一个信贷产品案例中创建的人物角色，通过描述 Annisa 的自然属性和社会属性来勾画项目中的主要目标用户群体，挖掘用户诉求。

2.3.2 用户旅程图

用户旅程图是基于时间线，对目标用户连续行为的梳理，实现对研究对象完成特定任务的可视化过程。用户旅程图直观地展示或模拟用户在完成任务时的每个阶段的体验，包含情感（痛点和惊喜点）、行为、思考等。它可以帮助研究团队建立用户同理心，从服务设计的整体观点出发，朝着正确的方向前进。

← 图 2-10 人物角色案例

图 2-11 用户需求分析[1]

F. 用户需求

时尚追星族/二次元游戏宅 Qiao

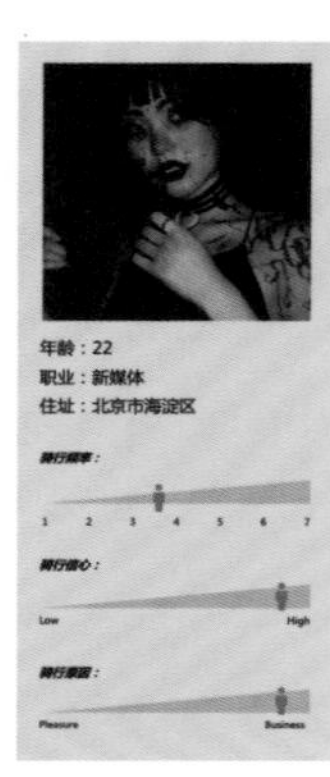

"共享单车真的太省事了！！！"

Qiao 是一个十足的二次元游戏宅，她经常参加漫展与圈友面基。她讨厌千篇一律的东西，喜欢有个性的二次元形象，会定期出一些人物仿妆。她在参加漫展时，经常带一些乱七八糟的物品（易拉宝、成卷物料），因为地铁至展馆有一定的距离，所以她经常使用共享单车帮助携带物料，可以省时省力。

典型特征

- 经常参与线下见面活动
- 热衷于二次元及追星集邮
- 更加注重审美与个性化

触发动机

- 需要各地奔忙，需要更加快捷的交通工具
- 携带较多物料时，需要利用共享单车运输

[1] 图片来源于 LOE DESIGN

用户旅程图的绘制分为几个重要的点：分析每个节点用户的行为、触点，再整合整个过程，推演任务完成过程中用户在各个阶段的需求、预期和愿望，打造有节奏的用户体验；通过分析用户对哪些环节感到沮丧，收集用户的痛点，在对用户需求进行判断的时候，要对其进行优先级排序，不必面面俱到，满足用户的所有需求，优先解决用户在服务旅程中最主要的痛点和需求。另外，在对每个环节的用户行为的分析过程中发现惊喜点，延续到新的服务设计环节中。

以用户与服务交互的接触点为线索，以消费者的体验为内容，建构具体化、视觉化的整体服务过程。以“哈啰”共享单车为例分析用户旅程图的构建流程，在对用户分析的基础上进行用户旅程图绘制，通过对人物角色“时尚追星族 / 二次元游戏宅”的需求分析，确定人物角色的特征和触发动机（图 2-11）。

用户旅程图展现了搜寻单车、骑车前、骑车中和骑车后的整个过程（图 2-12），用户的使用场景是乘坐地铁去郊区看动漫展，乘坐地铁后要借助

单车携带物料，推行到动漫展展馆，看完展后再骑单车前往地铁站。通过调查研究发现的用户痛点有单车风格一般、遭遇故障单车、单车储物方式单一和预约缺失四个方面。用户的目标和期望是能够有更大、更合理的载物结构，能够进行个性化的自我表达。针对这些用户的痛点和需求从以下四个方向提出设计的机会点：

- 增加 IP 主题性灯光，提示语言换成爱豆声音；
- 自动显示故障；
- 增加车筐容积或更适合的储物方式；
- 增加个性化外观。

随着市场和用户行为的不断变化，用户旅程图也在不断迭代，ThoughtWorks 公司将用户旅程图的进化史分为三个阶段：

- 基于全流程用户关键接触点的优化；
- 基于跨渠道全流程用户体验的优化；
- 基于客户价值驱动的用户体验重塑。

目前，广泛使用的用户旅程图为第一阶段的用户旅程图；第二阶段的

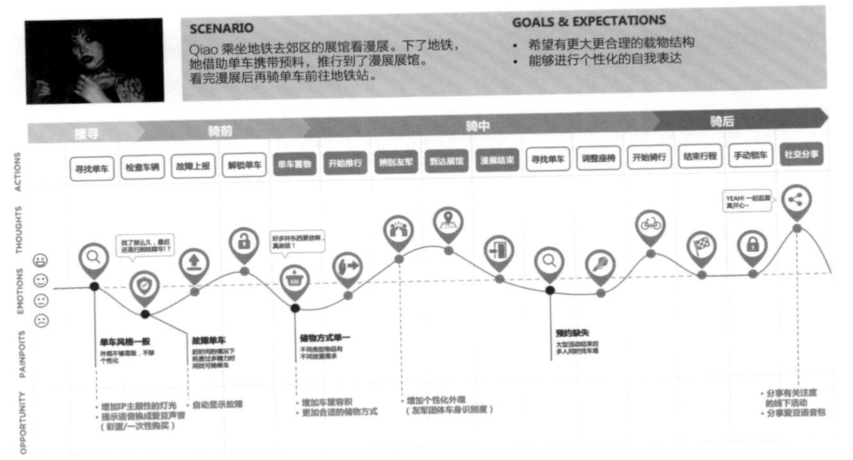

← 图 2-12　共享单车用户旅程

用户旅程图通过线上、线下多渠道的流程整合，为用户提供跨渠道的体验；第三阶段的用户旅程图聚焦生态系统的布局，采用超用户预期的方式帮助用户达成愿景。

此外，Koos 服务设计公司提出了十种用户旅程图的创新方法：①拔高波峰；②填平波谷；③优化与客户接触的关键时刻；④“凤头”；⑤“豹尾”；⑥延伸用户体验旅程；⑦跳过体验的阶段和活动；⑧服务阶段和活动的重新排序；⑨智能体验；⑩彻底重新设计。采用上述十种方法能为同样的旅程创造不同的体验。

2.3.3 同理心地图

同理心地图从“所听、所看、所说、所做、所想所感”几个层面帮助设计师和团队沉浸到用户所在的情境中，目的是更好地完善用户体验。这是一种将用户感受和思想可视化的工具，是在调查数据的基础上展示用户和分析数据的工具；是对用户假设的落地练习，可以将研究者和用户联系起来，从而理解用户的诉求。

同理心地图可以与人物角色、用户旅程图结合使用，它可以帮助团队成员消除偏见，达成用户角色理解一致，了解用户动机的驱动行为等。同理心地图还可以解释用户行为、选择、决定背后的深层动机，这些动机是很难被发现的，甚至用户自己也不清楚。同理心地图能够帮助研究者和设计师换位思考，打开思路，提高洞察用户的能力。同理心地图不仅应用于服务设计方面，还被产品设计师、营销团队广泛采用。

同理心地图从以下五个层面与用户共情：

- 所听是指目标用户从多种渠道捕获的语言信息，比如：他们从朋友、同事那里听到的建议，从网上看到的二手信息等，这些信息会对目标用户的行为、心理因素产生影响。
- 所说是指在用户访谈中他们表达的内容。可以直接引用被访谈者的话，将其放在所说的模块中，如被访谈者说：“我喜欢这款“山”形的香炉，它给人雅致的视觉感受。”

- 所看是指目标用户通过视觉观察到的信息，比如：他们看到市面上的产品或服务是什么样的，产品或服务的使用环境是怎样的，产品或服务是如何使用的等。
- 所做是指通过观察和询问了解他们做了什么，他们采取了什么样的行为，我们会认为他们怎样做等。
- 所想所感是目标用户的诉求和个人感受，通过目标用户所说的话语，挖掘用户潜在的想法和诉求，探索这些想法的深层次原因。所感是目标用户的情绪状态或情感体验（图 2-13）。

在使用同理心地图的过程中，使用者要将自己当作用户，来“表演”用户，挖掘用户需求。通过上述步骤来归纳用户痛点，最终发现用户想要达成的愿望。

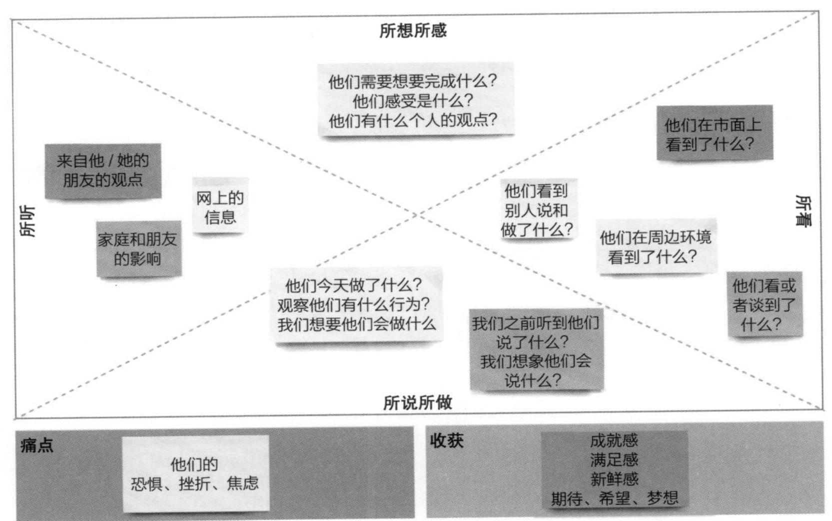

← 图 2-13　同理心地图

2.3.4 服务蓝图

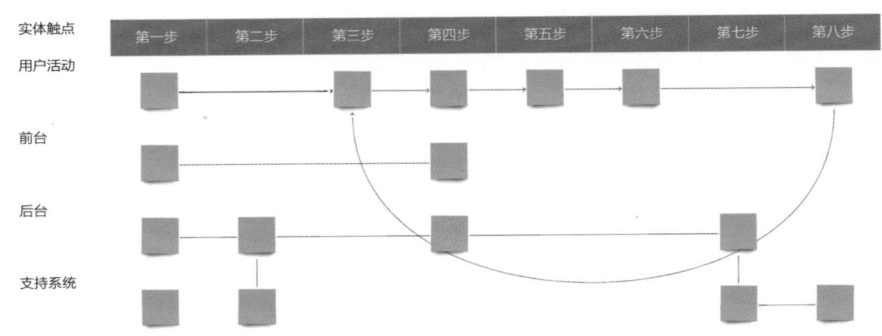

图 2-14 服务蓝图框架

有了用户视角的用户旅程图后，还需要对应的服务蓝图来分配资源进而完成服务。服务蓝图是用来详细描述服务系统的图片或者地图，它可以看作用户旅程图的延续。服务蓝图不仅包括横向的用户服务过程，还包括纵向的内部协作关系，它将服务可视化，一目了然地展现前台服务与后台提供的支撑体系。

图 2-14 是一张典型的服务蓝图框架，每一列代表了用户旅程的一个步骤，每一行代表了服务操作的不同项。服务操作包含用户活动、前台、后台和支持系统四个部分，与用户活动互动的是前台员工的行为，用户能够看到的前台员工表现出的行为和活动步骤。后台的行为则发生在幕后，是围绕支持前台的活动而展开的，支持系统包括内部服务和支持服务人员履行的服务步骤和互动行为。

服务蓝图涉及许多触点，因此，需要多部门协调合作。它提供了全方位的观察点来看待雇员、客户，前台、后台和支持系统之间的关系。图 2-15 所示的服务蓝图，由米兰理工大学的研究生设计，蓝图展现了空巢老人的年轻邻居们在疫情期间为他们提供的服务。这一服务通过 App 和设施邮箱来进行服务申请，之后提供购买和送货服务，后台进行账号的维护，空巢老人与年轻邻居们的互动通过指示箭头表示。

服务蓝图

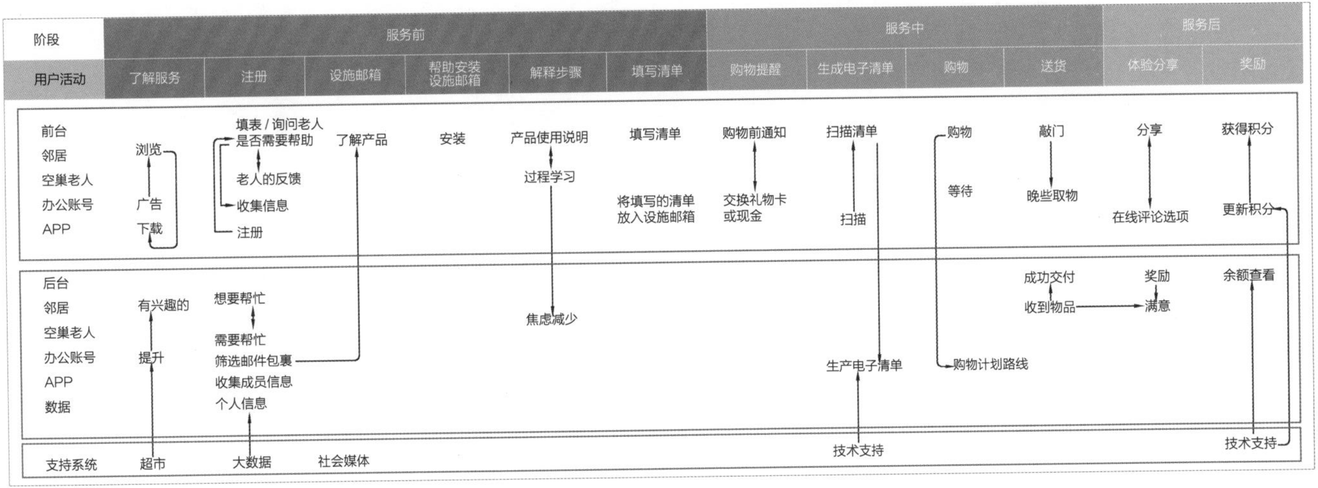

阶段	服务前						服务中				服务后	
用户活动	了解服务	注册	设施邮箱	帮助安装设施邮箱	解释步骤	填写清单	购物提醒	生成电子清单	购物	送货	体验分享	奖励
前台 邻居 空巢老人 办公账号 APP	浏览 广告 下载	填表 / 询问老人是否需要帮助 老人的反馈 收集信息 注册	了解产品	安装	产品使用说明 过程学习	填写清单 将填写的清单放入设施邮箱	购物前通知 交换礼物卡或现金	扫描清单 扫描	购物 等待	敲门 晚些取物	分享 在线评论选项	获得积分 更新积分
后台 邻居 空巢老人 办公账号 APP 数据	有兴趣的 提升	想要帮忙 需要帮忙 筛选邮件包裹 收集成员信息 个人信息			焦虑减少			生产电子清单	购物计划路线	成功交付 收到物品	奖励 满意	余额查看
支持系统	超市	大数据	社会媒体					技术支持				技术支持

↑ 图 2-15 服务蓝图

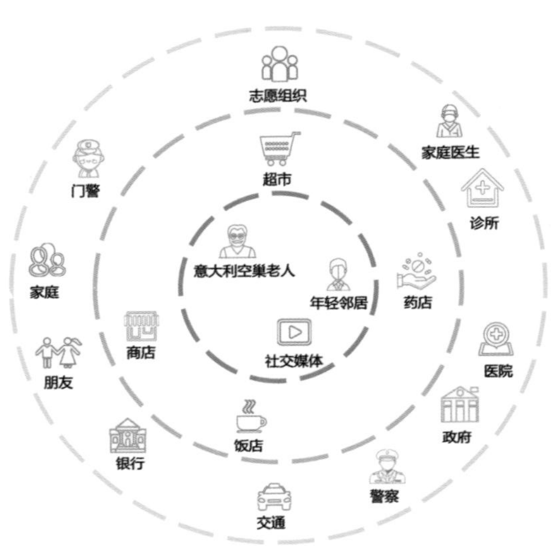

图 2-16 利益相关者地图

2.3.5 利益相关者地图

利益相关者地图是一种常用的商业工具，这一概念最早出现在 20 世纪 60 年代，由伦敦塔维斯托克（Tavistock）研究所用于对其组织机构进行系统分析的。服务设计中利益相关者是指受到服务影响和被服务影响的人、群体和组织。利益相关者地图可以将利益相关者的关系可视化地表达出来，深入了解利益相关者的目标和权益，了解各方的价值交换链接。

利益相关者地图的使用是基于前期的调研结果，对项目中的不同群体进行划分，具体步骤如下：

- 身份认证。将与项目相关的个人、群体和组织等罗列出来，识别出主要的相关者和次要的相关者。将主要相关者放在画布的中心位置，然后按照与主要相关者关系的亲密程度，依次将其他利益相关者罗列到周围。
- 分类。将总结的主要相关者和次要相关者分组，按照他们在项目中的影响标注他们的等级，其主要分为主要利益相关者、次要利益相关者等。还可以在相关者的图标下标注其对应的观点、想法和预期，方便设计师在解决问题时，清楚利益相关者的需求。

- 连线。按照利益相关者之间的关联，在图中将具体的关系用连线的方式表达出来，形成关系网络。

图 2-16 是利益相关者地图的常用模式，该图将利益相关者划分为三个层次：核心利益相关者、次级利益相关者和外围的利益相关者。核心圈中，意大利空巢老人、年轻邻居和社交媒体是核心利益相关者，次级利益相关者是超市、饭店、商店和药店，外部的利益相关者包括志愿组织、医疗服务支持、家人和朋友，以及与政府、警察、交通、银行、门警的合作。

2.3.6 待完成的工作

什么是待完成的工作（Jobs to be done，JTBD）？ JTBD 是一种视角——通过它可以用不同的方式观察市场、客户、需求、竞争对手和客户群，从而使创新更加可预测和有利可图。JTBD 最初由哈佛大学商学院的克莱顿·克里斯坦森（Clayton Christensen）命名，为该理论的创新提供了宝贵的视角。JTBD 是跳出当前的问题解决途径，为将来的解决途径创造一个新的框架。JTBD 包含社会的、功能的、情感的维度。

《服务设计方法》（*This is Service Design Methods*）一书认为可以通过以下六个步骤完成 JTBD：

- 准备和打印数据。JTBD 洞察可以与数据收集一起迭代创建，也可以用于从研究转变为构思。它还有助于发现研究数据中的空白并设置进一步的研究问题或进行假设。准备好与研究相关的数据和资料，打印关键照片、将录音或视频进行可视化展现，展示收集的相关物品：现有的角色、用户旅程图、系统地图等，将这些用于研究工作的数据和资料展示在准备好的房间里，考虑邀请合适的人一起开发 JTBD 洞见。

- 根据研究发现写下最初的 JTBD 洞见。如果是团队合作，邀请 2 ~ 3 名成员写下 JTBD 的句子。这一步最重要的一点是提出尽可能多的工作任务，然后确定优先级以提出有限的工作任务。
- 聚类、合并，并确定优先级，可以合并相似的工作或重新表述它们，以明确它们是不同的。然后尝试优先考虑它们，例如，从客户的角度来看，其中哪些对客户的影响最大？
- 将您的 JTBD 洞见与研究数据联系起来。
- 找出差距并进行迭代。检查是否缺少 JTBD 洞见的一些数据？针对这些漏洞重新查找问题，用数据填补空白。此外，考虑邀请真正的客户或员工来审视洞见，并进行反馈。
- 跟进。用照片记录进度，并写下对 JTBD 洞见的摘要。

2.3.7 HMW 问题

HMW 的全称是“How might we……”，即“我们可以怎样……”，它是处理产品需求的一种行之有效的分析方法。这一工具的使用意味着集中理解用户阶段的结束，研究者或设计师在这一阶段要转变身份，完成从“理解—共情”用户，到创造性地解决问题阶段的转变。

HMW 可以帮助我们改变固有的逻辑思维，拓展我们思考问题的层面，让我们发散思维，剖析问题的各方面，以确保研究者采用最佳的措辞，提出合理的问题。

HMW 问题提供了多个思考方向，我们可以从如下十个方向进行思考：我们可以怎么……（图 2-17），比如：在发挥积极影响方面，可以这样思考，我们可以怎样利用什么样的条件（产品新增的语音功能），让事情产生积极影响（让使用者使用产品时更加便利）。

HMW 问题可以根据使用的目的和场景进行流程的规划，根据界定的目标，合理安排流程和步骤。HMW 问题经常采用五步法，即通过否定、积极、转移、脑洞大开、分解来明确用户场景问题、分解问题，并提供解决方案（案例见 3.3）。

- 否定：如何让用户放弃这个想法；
- 积极：如何让用户自己解决问题；
- 转移：如何通过其他方式来解决这个问题；
- 脑洞大开：以前不敢想的方案；
- 分解：将大问题拆解成小问题，分步骤进行并进行解答。

对设计团队而言，其可以通过共创的模式使用 HMW 问题法，从多个角度对问题进行思考，最终找到团队能达成共识的目标。对设计创意的产生而言，HMW 问题法能够打开脑洞，进而产生尽可能多的想法，最终通过投票选择几个更具可行性的想法。经过 HMW 问题法分析后提出设想，根据设计研究需要，使用 Kano 模型进行优先级别排序，也可以使用头脑风暴法针对创想给出大致的解决方案。

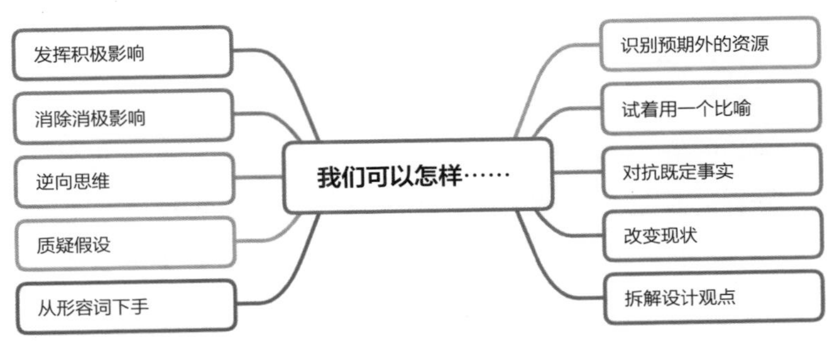

← 图 2-17　HMW 的多个思考维度

2.4 定量数据分析和总结

2.4.1 凯利方格法

凯利方格法（Repertory Grid Technique，RGT）是由认知与临床心理学家乔治·凯利（George Kelly）的个人建构理论（Personal Construct Theory， PCT）衍生的。这一理论最初被应用于临床心理分析和教育心理学研究。直到 1980 年，凯利方格法理论被广泛应用于教育、商业管理、市场营销、认知科学、知识管理、情报管理中。凯利方格法的广泛应用在于它独特的资料收集与分析技术，它能够帮助研究者探究人类心智活动的历程。这一研究方法同样适用于设计学研究。比如，在用户体验领域，我们可以使用凯利方格法研究用户对同类竞品的认知差异。在设计初期阶段，我们可以用其比较不同的概念原型方案，还可以用其研究评估，评估用户会从哪些维度来评价产品或服务的使用情况等。

凯利方格法的具体操作步骤如下：

- 引出元素。元素是研究主题的具体讨论对象，至少要有四个元素，否则研究就没有意义。
- 构建抽取，这是 RGT 的核心部分。可以采用访谈法进行构建抽取，最常用的是三元素法，即从所有元素中每次抽取三个元素进行对比。让被测试者从三个元素中选出两个类似的，测评者要提问：哪两个元素比较相似，哪个与其他两个不同，还要追问原因。经过这些步骤后，一组构建被抽取出来。这些构建是与个人态度、行为、感知相关的内容。
- 评分。请用户为所有元素在每一对构建上进行评分，常用的方法是五分量表法，5 分代表最接近左级，1 分代表最接近右级，也有采用七分和九分量表的。

- 数据分析。完成统计后可采用 SPSS 进行主成分分析、因素分析和集群分析等。这里的数据分析方法过于复杂，初学者要耗费一定的时间才能完成。凯利方格法还提供网页版数据分析服务，这个程序可以帮助研究人员很方便地进行量化分析。

凯利方格法应用案例

以下案例[1]采用凯利方格法进行研究：这一研究是关于产品造型的拓扑感知，研究的目的是验证拓扑属性的感知是否适用于产品识别。案例中自行车识别的实验结果表明，人类的注意力会根据拓扑的变换而变化。研究者提取了参与者关于具有不同拓扑变化的产品的心理结构，并确定了视觉注意力的主要原因，发现人们更注重对拓扑变化明显的产品形状的视觉感知。元素的抽取与研究问题紧密相关，该案例最初抽取的元素为 30 个（从现有的自行车品牌中选择了最新款的 30 辆自行车），经过平均值聚类分析后，最终选择 9 个元素来测评，这 9 个元素具有较大的差异性。

[1] 案例来源：费飞教授的博士论文

用来测评的 9 个元素被打印出来，邀请 7 位对自行车深入了解的专家进行构建抽取，专家包括产品设计师、机械教师、产品设计专业教师、产品设计研究生、自行车爱好者。采用三元素法来抽取构建，最终抽取了七组构建见表 2-9。

表 2-9　八组构建

非凡的（Extraordinary）	普通的（Common）
高科技的（High-technology）	低科技的（Low-technology）

续表

新颖的车轮（Novel wheels）	普通的车轮（Common wheels）
新颖的车架（Novel frame）	普通的车架（Common frame）
新颖的座椅（Novel seat）	普通的座椅（Common seat）
对传动很感兴趣 （Curiosity about transmission）	对传动无动于衷 （Indifference about transmission）
想骑（Desire to ride）	不想骑（Reluctance to ride）

构建抽取完成后，对9个元素进行评分，采用了九分量表法（表2-10），邀请30位测评者进行打分，分值为1 ~ 9分，然后在相应的分值和构建位置画“√”。

表 2-10 九分量表

自行车 / 构建	1	2	3	4	5	6	7	8	9	
非凡的										普通的
高科技的										低科技的
新颖的车轮										普通的车轮
新颖的车架										普通的车架
新颖的座椅										普通的座椅
对传动很感兴趣										对传动无动于衷
想骑										不想骑

最后一步是数据分析，本案例采用聚类分析（Cluster analysis）来理解元素和构建之间的关系，将9个元素按照相似性分成三组（图2-18），通过聚类的相似性来阐释元素的拓扑属性感知。

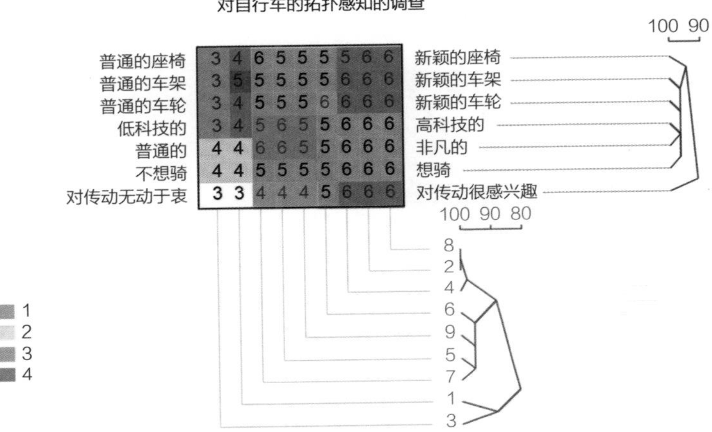

← 图 2-18 聚类分析

2.4.2 KANO 模型

KANO 模型是狩野纪昭（Noriaki Kano）在 1980 年建立的产品开发与用户满意度模型，该模型将顾客的需求分为三个层次：基本型需求（必备）、期望型需求（期望）、兴奋型需求（魅力），其是对用户需求分类和优先排序的有效工具，体现了产品性能和用户满意之间的非线性关系。狩野纪昭在三个需求的基础上，又将其扩展为五个属性：必备属性、期望属性、魅力属性、无差异属性和反向属性。KANO 模型适合在实体产品设计和服务设计中使用，用于辨别用户需求的真伪，以及在确定其为真实需求后如何进行量化的优先级排序。

KANO 模型的横轴表示某项要素的具备程度，越靠向右侧功能的完备程度越高（图 2-19）；纵轴是用户的满意度，越靠向上方满意度越高。KANO 模型的五个属性分属四个象限中的不同位置：

- 粉色线条的必备属性与用户满意度的关系呈指数函数关系，不具有必备属性，用户的满意度一定会大幅度降低，如果必备属性特别完善，用户满意度也不会提升，还是会位于四个象限的右下方，不会提升到横轴以上。

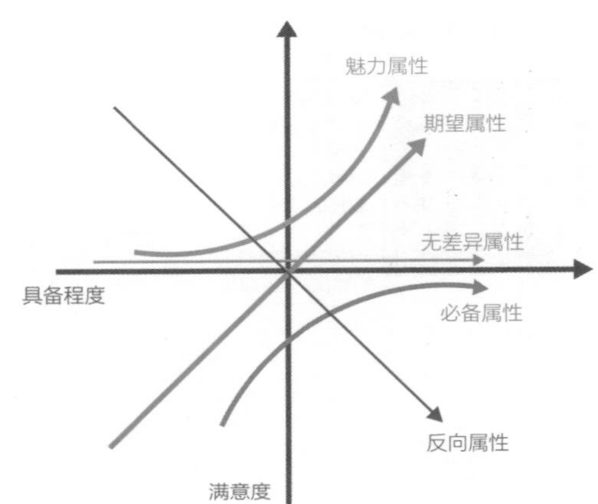

图 2-19 Kano 模型

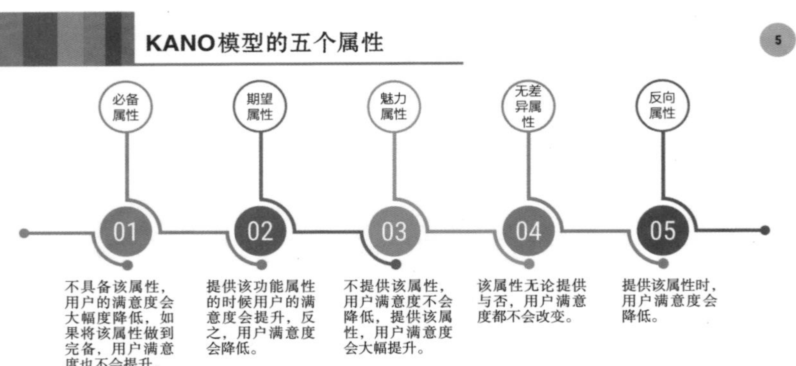

图 2-20 Kano 模型的五个属性

- 黄色线条的期望属性是通过线性关系显现的，当完成度高、功能具备程度好时，用户的满意度就会提升，反之，用户的满意度会降低。
- 蓝色线条的魅力属性也呈指数函数关系，蓝色线条的曲线走势表达了在产品或服务中，如果提供魅力属性的功能或服务，用户的满意度会提升；如果不提供，用户的满意度也不会降低到横轴的下方。
- 绿色无差异属性的线条表示无论提供某种功能或服务与否，顾客的满意度都不会改变。

- 反向属性的蓝色线条表示：如果提供了用户不需要的功能或服务，用户的满意度会直线下降。此外，功能属性会随着时间的变化而改变，比如：魅力属性可能随着时间改变而成为期望属性等（图 2-20）。

KANO 模型的五个属性在优先顺序上，首先要被满足的是必备属性，其次是期望属性、魅力属性、无差异属性，避免提供反向属性。

如何在具体的设计实践中使用 KANO 模型？其可以分为如下六个步骤进行：

- 收集需要分析的功能，并明确定义。然后针对功能需求设定正反向问题。表 2-11 是针对同一问题设置的正反向两种不同的问题。第一道是正向问题，第二道是反向问题，评价从很满意到很不满意分为五个程度。

表 2-11　正反向问题

	很满意	满意	无所谓	不满意	很不满意
如果提供 ×× 服务，你的评价是？					
如果不提供 ×× 服务，你的评价是？					

- 发放问卷。如果从五个功能进行评价，那么就是十道题目。填写方式是用户自行填写，或者访谈者代填。
- 答案录入，将回收的问卷转化成可视化的数值。首先确定记分的标准，是升序还是降序，比如：在正向题中 5 分代表很满意，那 1 分就代表很不满意，为了防止混淆，反向问题可以用 A、B、C、D、E 表示，A 代表很满意，E 代表很不满意。
- 合并每个功能的正反问题选项，算出每项功能的满意程度的占比。表 2-12 将用户的答案合并在一张表中。正向问题 5 ~ 1 记分，反向问题从 A ~ E 记分，单个功能的得分有 25 种可能的组合。比如：1-E、2-C、3-B 等。

表 2-12　正反向问题记分

		张三	李四	王五	赵六
A 功能	如果提供 ×× 服务，你的评价是？	1-E	1-E	2-C	2-B
	如果不提供 ×× 服务，你的评价是？				
B 功能	如果提供 ×× 服务，你的评价是？	3-B	1-E	1-E	3-B
	如果不提供 ×× 服务，你的评价是？				

表 2-13 的 KANO 模型对照表第一列为正向答案（具备），第一行为反向答案(不具备)。组合答案在哪个颜色区域就说明该功能属于哪个属性，比如：落在黄色区域就说明该功能是必备属性，以此类推。可疑结果则代表，如果产品或服务具有某项功能，用户很喜欢或者很不喜欢，那说明针对这个问题用户是随意填写的，这样的问卷无效，这位用户的数据不能使用。当答案在白色的反向结果区域则表明：如果具有该功能用户很不满意，不具备该功能用户会很满意，这样让用户不满意的功能是绝对不能具备的。红色的魅力属性代表具备该功能时，用户会很满意，不具备的话，用户也可以接受。无差异则代表该功能具备或不具备都一样，用户无所谓。

表 2-13　KANO 模型对照

不具备 具备	A 很满意	B 满意	C 无所谓	D 不满意	E 很不满意
5 很满意	可疑结果	魅力属性	魅力属性	魅力属性	期望属性
4 满意	反向结果	无差异	无差异	无差异	必备属性
3 无所谓	反向结果	无差异	无差异	无差异	必备属性

续表

具备＼不具备	A 很满意	B 满意	C 无所谓	D 不满意	E 很不满意
2 不满意	反向结果	无差异	无差异	无差异	必备属性
1 很不满意	反向结果	反向结果	反向结果	反向结果	可疑结果

● 确定功能属性，计算 Better 和 Worse 系数。一道题目对应一张表格，假设我们请 30 名用户测评，逐一计算出 25 个选项中每个选项到底有多少用户选择，每个选项被选择的百分比是多少，然后将百分比数值标上去，颜色相同的相加，如表 2-14 所示：魅力属性为 22%，期望属性为 52%，必备属性为 12%，无差异属性是 14%，可疑属性和反向属性都是 0。对比之后可以确定该功能属于期望属性，期望属性占比 52%，为 KANO 属性中最高的。

表 2-14 KANO 属性百分比

具备＼不具备	A 很满意	B 满意	C 无所谓	D 不满意	E 很不满意	KANO 属性
5 很满意	0%	0%	22%	0%	52%	魅力：22%
4 满意	0%	0%	5%	0%	10%	期望：52%
3 无所谓	0%	0%	9%	0%	2%	必备：12%
2 不满意	0%	0%	0%	0%	0%	无差异：14%
1 很不满意	0%	0%	0%	0%	0%	可疑：0%

在 KANO 模型属性计算完成后，如果两个功能属性的百分比相同，可以进行 Better-Worse 系数的计算，为下一步优先级别的排期做参照，公式如下：

$$\text{Better 系数}=\frac{\text{魅力属性}+\text{期望属性}}{\text{魅力属性}+\text{期望属性}+\text{必备属性}+\text{无差异属性}}$$

$$\text{Worse 系数}=\frac{\text{必备属性}+\text{期望属性}}{\text{魅力属性}+\text{期望属性}+\text{必备属性}+\text{无差异属性}}\times(-1)$$

通常情况下我们会从 Better 系数高的功能属性开始，即根据 Better-Worse 系数，确定一个先后顺序即可。

- 结果产出。根据 Better-Worse 系数的结果，制作所有功能汇总表，选择部分属性绘制汇总图。见表 2-15，假设计算出 4 个功能的 Better-Worse 系数，分别位于四个象限中，以确定先后顺序。在实际的项目中，我们优先考虑的是必备属性，要全力以赴的满足功能 4 的需求。然后考虑第一象限的期望属性，这是质量竞争性因素。还要争取考虑第二象限的魅力属性，以提升用户的忠诚度。最后考虑无差异属性，不提供具有反向属性的功能。

表 2-15　Better-Worse 系数汇总

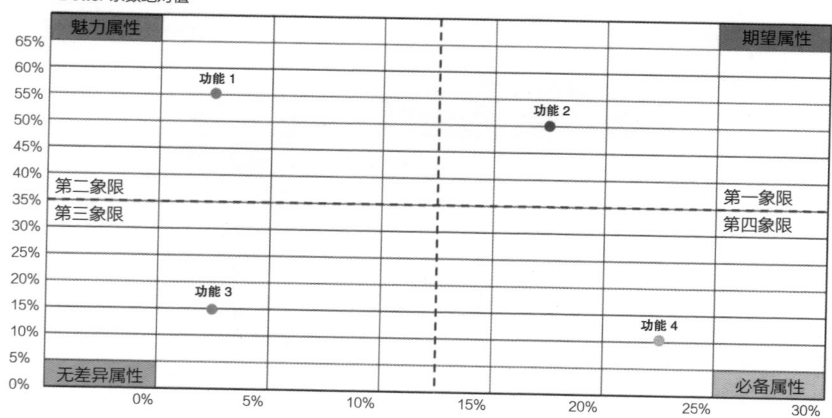

KANO 模型应用案例

以下案例采用 KANO 模型对九个功能属性进行排序[1]：问卷答案采用五级选项，按照“喜欢、理应如此、无所谓、勉强接受、很不喜欢”进行评定。

[1] 案例来源：赵嫣然

表 2-16 为 KANO 功能属性的调研结果对照：O 为期望属性、A 为魅力属性、M 为必备属性、I 为无差异属性、R 为反向属性、Q 为可疑结果。

表 2-16 KANO 功能属性分类

功能需求	不具备某功能 / 特性					
具备某功能 / 特性	评价	喜欢	理应如此	无所谓	勉强接受	很不喜欢
	喜欢	Q	A	A	A	O
	理应如此	R	I	I	I	M
	无所谓	R	I	I	I	M
	勉强接受	R	I	I	I	M
	很不喜欢	R	R	R	R	Q

1. 功能属性结果分类

结合前期访谈结果总结社区儿童图书共享的用户需求与意见，其共有 9 点需求，通过问卷星向目标人群发放网络问卷。用户共填写问卷 140 份，其中无效问卷为 32 份，有效问卷为 108 份。利用 KANO 模型分析后续的功能定位属性，以下是问卷的分析结果（表 2-17）：

根据调研结果，9 项功能属性中有 1 项期望功能，4 项魅力功能，3 项必备功能和 1 项无差异功能。

表 2-17　KANO 问卷分析结果

序号	功能	数据结果	功能属性
1	儿童图书按照年龄段分级共享	15 个期望功能 /31 个魅力功能 /40 个必备功能 /21 个无差异功能 /1 个反向功能	必备
2	搭建社区家长交流的平台	10 个期望功能 /52 个魅力功能 /27 个必备功能 /19 个无差异功能 /0 个反向功能	魅力
3	为儿童提供可以获得相应知识的图书	24 个期望功能 /40 个魅力功能 /18 个必备功能 /25 个无差异功能 /1 个反向功能	魅力
4	保障共享书籍的卫生安全	29 个期望功能 /20 个魅力功能 /51 个必备功能 /8 个无差异功能 /0 个反向功能	必备
5	对共享双方进行信用评分，保障共享安全	23 个期望功能 /27 个魅力功能 /40 个必备功能 /18 个无差异功能 /0 个反向功能	必备
6	共享积分可换取奖励	13 个期望功能 /31 个魅力功能 /9 个必备功能 /54 个无差异功能 /1 个反向功能	无差异
7	共享界面简洁，操作简单易懂	36 个期望功能 /27 个魅力功能 /30 个必备功能 /15 个无差异功能 /0 个反向功能	期望
8	开展儿童书籍交流活动	12 个期望功能 /54 个魅力功能 /16 个必备功能 /26 个无差异功能 /0 个反向功能	魅力
9	图书共享的方式可自由选择（例如：共享双方交换图书、社区配送等）	23 个期望功能 /49 个魅力功能 /24 个必备功能 /11 个无差异功能 /1 个反向功能	魅力

2. Better-worse 系数分析

运用 Better-worse 系数相关的计算公式算出每项功能属性在提升满意度和消除不满意度上的百分比。Better 系数代表此功能增加之后用户的满意程度，如果提供此项服务，Better 系数的数值越高则代表用户满意程度越高，认同感越强；相反，Worse 系数是指不提供此功能之后用户的不满意程度，即如果不提供此项服务，Worse 系数的数值越高代表用户不满意程度越高。

计算结果见表 2-18：

表 2-18　Better-worse 系数分析统计结果

功能名称	功能属性	Better 系数	Worse 系数	绝对分值
4 保障共享书籍的卫生安全	必备	0.45	-0.74	1.19
7 共享界面简洁，操作简单易懂	期望	0.58	-0.61	1.19
9 图书共享的方式可自由选择（例如：共享双方交换、社区配送等）	魅力	0.67	-0.43	1.10
5 对共享双方进行信用评分	必备	0.46	-0.58	1.04
3 为儿童提供可以获得相应知识的图书	魅力	0.59	-0.39	0.98
1 儿童图书按照年龄段分级共享	必备	0.42	-0.51	0.93
2 搭建社区家长交流的平台	魅力	0.57	-0.34	0.91
8 开展儿童书籍交流活动	魅力	0.61	-0.25	0.86
6 共享积分，换取奖励	无差异	0.41	-0.20	0.61

根据 Better-worse 系数分析结果绘制功能属性的四分位图，按照数据结果将各个功能归纳到四个象限中。各项功能属性在象限图的具体位置如图 2-21 所示：

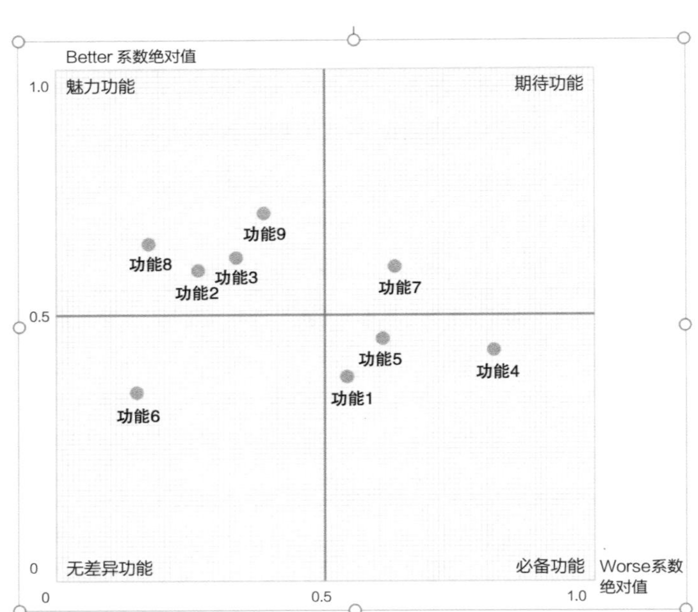

图 2-21 KANO 功能属性散点图

3. 功能需求排序

功能开发时需要注意开发次序，一般为：必备功能＞期望功能＞魅力功能＞无差异功能。

必备功能：由图 2-21 可知，功能 1、4、5 是产品必备的属性，其中功能 4 的绝对值系数最高，因此在社区儿童图书共享的过程中，应将书籍的卫生安全作为首要关注点。

期望功能：功能 7 为期待属性，表示如果提供此项功能用户满意度会上升，反之则下降，共享界面操作是图书共享过程中的重要环节，保障操作过程的方便和快捷有助于保持用户黏性，后续设计中需要重点分析。

魅力功能：功能 2、3、8、9 为魅力属性，功能 9 的 Better 系数在魅力属性中的数值最高，表明用户对社区图书共享的方式有一定的期待，在后续选择共享方式时可以继续拓展。

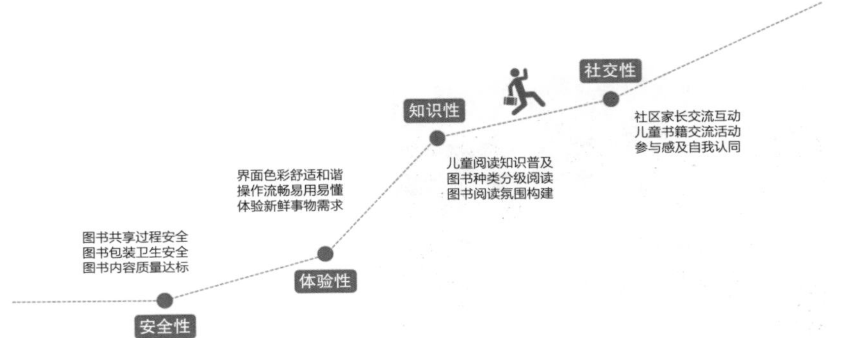

↑ 图 2-22 社区儿童图书共享功能设计方向

无差异功能：功能 6 为共享积分，换取奖励，表明用户对图书共享更加注重的是图书知识交流和共享的安全，在积分奖励机制方面其并不会对用户的满意度产生很大影响。

4. 功能设计方向

根据 KANO 模型的 9 个功能属性先后顺序，总结社区儿童图书共享的设计原则，我们将后续的功能设计方向定位为以下四点，如图 2-22 所示。

2.5 方案产出

2.5.1 头脑风暴

头脑风暴（Brain Storming，BS）法是利用群体思维进行创新的方法（图 2-23）。头脑风暴法具有打破常规思维方式的作用，参与者能够打开视野，

图 2-23 头脑风暴

畅所欲言，这是一种激励产生创造性思维的方法和工具。目前，头脑风暴法被广泛应用于企业的创新设计、设计教育、项目管理、市场营销等环节，用来快速产生许多想法。

通常情况下，在得到 HMW 问题之后会进行头脑风暴法。头脑风暴的目的是对给定的设计问题，发现一个大致的解决方案，而这个解决方案不必非常详细，它只需要是一个想法。一般来说，在工作中，如果设计师发现一个用户的问题，但是针对这个问题市面上所有的产品都没有解决方案，这时候就需要一个新的解决方案，因此就可以和利益相关者一起进行头脑风暴，得到尽可能多的解决这个问题的办法。

在方案的产出阶段使用头脑风暴法时可以利用集体思维产生更多的潜在方案。参与成员以 6 ~ 12 人为宜，人数不宜过多。头脑风暴法以组织形式划分的话，可分为自由发散型、辩论型、击鼓传花型、主持访谈型和抢答型五类，主持访谈型头脑风暴法较为常用（图 2-23）。

头脑风暴法的操作流程：

会前准备阶段。确定议题和任务目标，招募参与者，准备合适的场地进行操作。

开放讨论阶段。首先由主持人介绍研究或项目背景，给出讨论的问题，说明活动的规则，然后开始思维发散环节。通常情况下，头脑风暴会议持续 1 个小时左右，要产出不少于 100 种的解决问题的方案。

成果整理。在收集所有的想法之后，合并相似的创意。合并后进行初步筛选，选出可操作性强、创新性的方法。可以使用思维导图对内容进行系统梳理，还可以采用点投票、How-Now-Wow 矩阵等方法评估这些创意。

2.5.2 身体风暴

身体风暴（Body Storming）法是一种让研究人员亲身去经历和体验某种情境进而激发构思创意的方法。这一方法将角色扮演与模拟相结合，使用身体去探索和发现创意、用同理心去理解问题，能够帮助研究者快速发现问题和假设。身体风暴法也是一种用身体去进行头脑风暴的方法，通过表演故事和模拟非常接近现实的服务场景或事物去产生创意思维。当创意构思的挑战涉及身体的、人际的层面时，当小组成员厌倦了讨论时，当会议需要同理心或令人难忘的亮点时，身体风暴法就最适用。

参与者可以通过角色扮演，比如：扮演利益相关者、团队或平台中的角色，要进入服务场所或能够代表核心功能的环境中，去发现和产生洞见。身体风暴法可以更快地发现洞见，但是洞察的深度不够。身体风暴法通常持续 15 ~ 60 分钟，以团队的形式实施，3 ~ 7 人比较合适。

其具体步骤如下：

查看构思起点，并考虑是否将以前的知识带入活动，以什么样的方式带入也需要仔细思考，这些背景知识将作为研究墙或关键见解。

邀请合适的参与者一起参与你的项目。

让团队沉浸在具有挑战性的环境中，如果成员对项目背景不是很了解，可以让他们去服务发生地点进行短暂的观察、访谈。他们可以采用快速访谈、拍摄使用场景，或者以顾客的身份使用服务去了解项目背景。如果参与者对项目的背景很了解，这一阶段可以采用讲故事的方式进行。

虽然有时候条件允许在原始服务的情境中进行身体风暴法，但这往往是不可行的。参与者可以使用工作坊，准备好相关道具，比如：用桌子代替柜台、用电脑代替收音机等。使用参与者之前通过沉浸式观察所做的笔记或体验列出有趣的情况或想法，一次身体风暴在一种情况下进行。

在图板上做笔记，帮助参与者记住其所观察的情况，还可以采用拍视频的方式记录观察过程。缺点是你需要一些参与者提出观点，这个过程比较慢。

反思你的发现，并深入研究一些你认为有必要进行研究的想法。

2.5.3 用户故事

用户故事用于许多敏捷软件的开发框架，如极限编程、Scrum 和 Kanban。用户故事用于软件开发是从用户的视角来定义需求的，其还可用于设计过程的各个阶段。除了软件开发，用户故事还被用于定义产品或者服务需求，它可以在服务设计过程中的任何时候被创建。用户故事可以帮助研究者发现数据中缺失的部分，还能帮助研究者进一步确定研究问题、研究假设。

用户故事的通常表达模式是：作为一个“用户角色”（Who），想要“完成活动”（What），以便实现“价值”（Value）。用户故事要从用户的角度去讲述这个故事，尽量用简单、简洁的语言，让大家都能看懂。

创建用户故事首先要将准备的数据打印出来，并把这些数据中的关键图片打印出来，选择合适的地点，邀请合适的人一起共建用户故事。然后，基于这些数据写出用户故事的最初版本。将用户故事以叙事的模式展现，把这些故事悬挂在墙上，聚类相似的用户故事。检查故事聚类是否可以组成叙事模式，对于一些过大的用户故事可以考虑将其分成几个小故事，或者合并、拆解各个聚类，最终选择对用户影响较大的故事情境。将用户故事和收集的数据联系起来，如果发现用户故事存在问题，要对其进行迭代。仔细检查用户故事中是否有数据遗漏，考虑邀请真正的用户或者消费者去查看用户故事并给予反馈。最后，进行跟进，用照片记录研究过程，编写用户故事摘要。

用户故事案例[1]：

米歇尔从小就是 Esselunga 商店的忠实客户，他在米兰出生长大，经常和母亲一起去那里买杂货，然后一起做饭。现年 35 岁成为体育记者的他，仍然喜欢烹饪。当去杂货店购物时，他喜欢去触摸和闻那些食材，只为选择最好的食材，他只有在空闲的时候才去超市，如果很忙，冰箱空了，他会在外面吃晚饭。他也是厨艺大师的粉丝，为了了解更多烹饪知识和技法，他观看了许多烹饪节目。米歇尔在 Esselunga 店内看到了新应用程序“SCOPRI”的宣传和新产品的数字价签。他有兴趣了解更多关于他下一顿晚餐的食材，他试着下载应用程序，看看是否能找到一些灵感。他扫描了一袋香菇，惊讶地发现页面上出现了很多信息，在这些信息中，米歇尔认为，最有趣的不是公司的品牌内容，而是其他用户上传的食谱。米歇尔继续购物，他在商店里挑选了一些产品，直到他走到汉堡包制作区，透明的大玻璃窗让他停下来观看制作汉堡包的过程。他默记了烹饪的过程，想自己尝试一下，因为这些汉堡包看起来很美味。回到家里，米歇尔邀请他的朋友过来吃饭，晚餐做得很成功。米歇尔非常满意，所以他写了一篇关

[1] 用户故事案例为 3.2 内容的一部分，为朱涛的团队合作项目。

于烹饪菜肴和红酒的好评，第二天，他的 Esselunga 卡收到了积分奖励，他很有成就感。他认为他要再次使用这个应用程序找到更多的食谱，也许他会更新一些视频去展示厨艺，这样他会得到更多的积分。

2.5.4 故事板

故事板是通过讲故事的方式构建服务场景，发现存在的服务问题。一个完整的用户故事包含人、物、环境、行为。人是服务中的利益相关者；物是媒介或者接触点；环境是物理环境和社会环境；行为是事件中人的交互行为，将人、物和环境串联起来，就会形成完整的故事情节。

故事板可以在服务设计的多个阶段使用。在数据收集阶段，用户故事可以用来发现设计问题；在数据分析阶段，用户故事能够营造用户情境；在设计产出阶段，用户故事可以探索概念设计方案和分析服务逻辑。服务逻辑包含服务使用者和服务提供者两个方面的逻辑，既指线上各端点之间的交互逻辑，还有线下触点之间的连接逻辑，还包括用户的行为和心理特征等。

故事板案例[1]：

图 2-24 的故事板在设计产出阶段对服务逻辑进行梳理。这个设计项目是为意大利一家新兴银行设计的线上古着店进行的服务设计。设计师通过用户故事板提出了解决方案，是低保真原型的一部分。这个服务允许这家银行的 Z 世代用户通过当地的社区系统发现二手衣物并进行交易，目的是提倡可持续的生活方式。这一设计依靠一款软件：Retrend，它会将用户对环境的贡献转化成易于理解的可持续指标（Sustainable Impact），并提倡用户分享可持续指标到社交平台。

[1] 米兰理工大学的研究生团队合作设计方案中的故事板。

开发阶段

解决方案故事版

综合用户画像和总结的设计需求，我们用故事版细化了解决方案。

方案的核心在于可持续化指标，可持续化指标是交易后产生的对环境影响的量化指标。这个指标可以激励用户，并让用户感知到自己对环境做的贡献。

可持续指标的识别依赖了 Deep Fashion 机器学习技术，可以预见随着交易量的上升，识别率会有很大的提升。

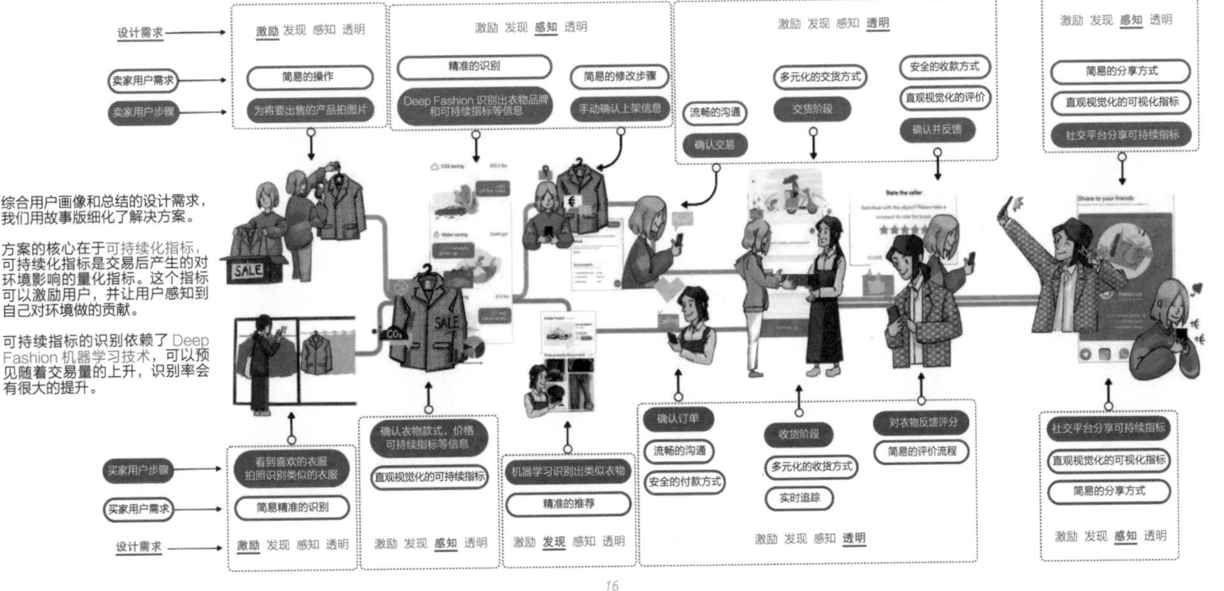

↑ 图 2-24 故事板

在使用故事板提出解决方案之前，其首先定义了人物角色：Giulia 是一位坚定的环保主义者，坚持抵制时尚快消品。她热衷于购买二手衣物，她看中的是品牌后的历史故事。基于前期的用户调研基础，确定了 Z 世代用户群体的特征，他们的消费观念是以道德为基础的消费，提倡物品的无限次使用权而非拥有权。设计挑战是如何为 Z 世代设计可持续的生活方式。

该故事板从设计需求、卖家用户需求、卖家用户步骤、买家用户需求和买家用户步骤五个方面，通过时间横轴叙述服务的整个流程。梳理服务流程可以发现解决方案的核心是可持续化指标，可持续化指标是交易后产生的对环境影响的量化指标，这个指标可以激励用户，并让用户感知他们的行为对环境作出的贡献。可持续指标的识别依赖了 Deep Fashion 机器学习技术，Deep Fashion 技术可以识别衣物品牌的可持续指标等信息，用户购买衣物后，可以在社交平台分享可持续指标。

2.6 方案筛选

2.6.1 点投票

点投票（Dot voting）是常用的快速投票方法，因为常用圆形贴纸作为选择工具，所以被称为点投票。在方案筛查阶段，其可以使用点投票方法来评定创意优先级，比如：采用头脑风暴法产生许多想法后，使用点投票法对创意进行筛选，帮助团队成员快速做出决策。被评估的方案通常悬挂在房间内，被测评者可以在房间内走动来投票，每位被测评者一般有固定的投票数目，比如：每人可以投三票，允许在一个项目上多投票，这个方法的优点在于可以轻松地查看每个项目的得票数。点投票也会被用于设计教学，用来评估学生的设计方案（图 2-25）。

点投票的步骤如下：

- 将用于投票的方案悬挂在墙上、白板上或平铺在桌上。
- 发给每位参与者一些圆形贴纸，主持人可以决定每位参与者的投票数，常见的是三票。
- 明确投票规则。在投票开始之前，主持人向参与者解释投票的原因以及如何处理投票结果，包括每个人的投票数目，参与者按照何种标准进行投票等，以帮助团队获得更明智的决策。
- 投票。投票时应该保持沉默，直到所有选票投完为止。
- 评估结果。回顾投票过程，对那些获得票数较多的想法或方案进行讨论。参与者可以分享他们投票的原因，并根据讨论结果进行下一步决策。

← 图 2-25　点投票

图 2-26 创意组合

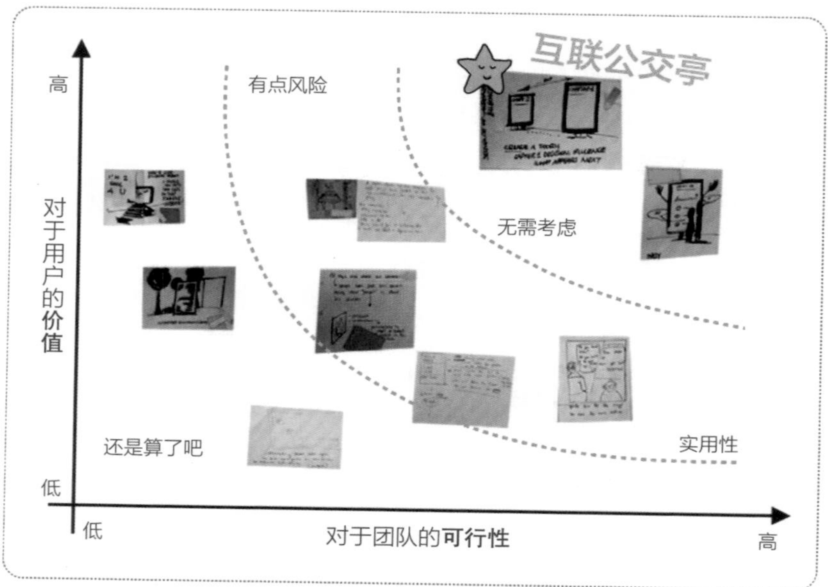

2.6.2 创意组合

创意组合（Idea Portfolio）是一种更具分析性的选择方法，使用创意组合能够快速、可靠地对想法或概念进行排序。创意组合是根据两个变量进行排名的，这些排名被排列在图表上。使用两个变量进行评估，可以平衡不同的需求和分析思维方式的诉求，能够帮助团队做出明智的决策，甚至从策略角度看待这些选项。

创意组合方法深受营销人员的喜爱，这是一种将他们所具有的知识纳入流程的好方法。具体步骤如下：

- 考虑是否或如何将之前的知识带入活动场景，比如，以研究墙（Research Wall）或者关键见解的形式呈现。

- 邀请合适的人和你的团队一同做出决策。这些人可能是了解项目背景的人、专家、将被服务的用户、管理层等。
- 设定评判的标准。通常情况下会从对用户的影响（Impact for user）和团队的可行性（Feasibility for team）两个角度进行评估（图 2-26），但也可以根据项目需要选择其他的评价标准。
- 制作两个评价标准的图表，贴在墙上或放在地上。根据标准进行评价，在图表上一次评价一个标准，比如：第一次评价对用户的价值，分值为 1 ~ 10 分，10 分表示对用户的价值最大。
- 两个标准都评价后，根据分值高低进行下一步决策，通常情况下选择具有强营销力度和强执行力度的想法进行下一步计划。

图 2-26 从对团队的可行性和对用户的价值两个维度对方案进行评估和选择，最终选择了“互联公交亭”这个方案。这一工具的使用是基于前期头脑风暴法的结果对方案进行进一步筛选。

2.6.3 决策矩阵

当需要考虑多个因素时，一维和二维的方法，比如创意组合有可能没办法解决设计中的问题，决策矩阵（Decision Matrix）则是更具有分析性的决策方法，能够帮助团队做出理性的选择。决策矩阵也被称为网格分析（Grid Analysis）、Pugh 矩阵分析和多属性效用理论（Multi-Attribute Utility Theory）。

决策矩阵可以从几个重要因素及其相对重要性评估的不同选项之间做出最佳选择，具体的步骤如下：

- 在开始绘制决策矩阵的网格之前，首先确定测评的选项和影响因素。比如，购买笔记本需要考虑的因素有花费、品质、外观、售后服务、支付选项等，需要测评的商家有四家（表 2-19）。

表 2-19　电脑的选项和影响因素

因素 / 选项	花费	品质	外观	售后服务	支付选项	分数
商家 1						
商家 2						
商家 3						
商家 4						

- 表格的列是各个测评选项，行是影响因素，为每个选项的影响因素进行评分（表 2-20）。分值从 0 ～ 5 分，0 分表示该因素完全不重要，5 分表示该因素极为重要。

表 2-20　进行评分

因素 / 选项	花费	品质	外观	售后服务	支付选项	分数
商家 1	0	1	2	2	1	
商家 2	2	3	3	3	3	
商家 3	1	2	2	2	4	
商家 4	2	1	3	1	1	

- 计算出这些因素在决策中的相对重要性。重要性用 1 ～ 5 的数字表示，其中 1 表示该因素在最终决策中绝对不重要，而 5 表示它非常重要。见表 2-21，其重要性依次是花费、品质、售后服务、支付选项和外观。

表 2-21　因素的相对重要性

因素 / 选项	花费 5	品质 4	外观 1	售后服务 3	支付选项 2	分数
商家 1	0	1	2	2	1	
商家 2	2	3	3	3	3	

续表

因素 / 选项	花费 5	品质 4	外观 1	售后服务 3	支付选项 2	分数
商家 3	1	2	2	2	4	
商家 4	2	1	3	1	1	

- 将第二步中的每个分值乘以第三步中计算的因素的相对重要性，这一步是提供每个选项的因素组合的加权分数（表 2-22）。

表 2-22　计算权重

因素 / 选项	花费 5	品质 4	外观 1	售后服务 3	支付选项 2	分数
商家 1	0×5	1×4	2×1	2×3	1×2	
商家 2	2×5	3×4	3×1	3×3	3×2	
商家 3	1×5	2×4	2×1	2×3	4×2	
商家 4	2×5	1×4	3×1	1×3	1×2	

- 将每个选项的加权分数相加，得分最高的选项获胜。表 2-23 所示的关于购买某产品的决策矩阵评分，从花费到支付选项五个因素，对四家商家进行评分，评分后的加权显示：商家 2 是最佳选项，分数为 40，其次是商家 3，分数是 29。

表 2-23　决策矩阵评分

因素 / 选项	花费 5	品质 4	外观 1	售后服务 3	支付选项 2	分数
商家 1	0×5	1×4	2×1	2×3	1×2	14
商家 2	2×5	3×4	3×1	3×3	3×2	40
商家 3	1×5	2×4	2×1	2×3	4×2	29
商家 4	2×5	1×4	3×1	1×3	1×2	22

2.7 原型设计和验证

2.7.1 核心服务流程设计

1. 桌上演练

桌上演练（Desk Walkthrough）（图 2-27）可以看作模拟“端到端”的客户体验的交互式迷你剧场，是服务设计的标志性方法之一。桌上演练类似于一个三维的故事板模型，这个模型通常是桌面大小尺寸，采用一些道具，如乐高积木、折纸构建的三维模型。它可以使服务测试中随着时间的推移而展开的故事变得有形，能够帮助测试、验证常见的服务场景，通过反复演练，让我们发现和解决现存的服务问题，立刻识别和尝试新的服务概念。

在具体的验证步骤中，我们可以选用核心服务流程中任何有具体步骤的版本展开测试，比如，用户旅程图的桌上演练。首先，要确定用户旅程的关键步骤，明确测试的环节是整个用户旅程，还是其中的一部分。其次，根据项目的需求选择项目内部成员或者潜在用户、利益相关者参与测试。然后，要按比例搭建桌面测试原型，为参与者寻找他们要扮演的角色。最后，用事先制作好的道具演练服务流程，通过拍照或者录像来记录最新版本的服务体验。

图 2-27 桌上演练

2. 戏剧原型

戏剧原型（Theatrical Methods）是用表演的形式，再借助一些简单的道具来搭建服务场景，展示服务内容。其可以用于调查、构思、原型制作、推理实体和数字服务。戏剧原型是研究情感、时间、语调和空间的强大工具。这是因为服务设计的协同创新性，它需要人与人的互动来共创价值，尤其是医疗、保险、酒店、咨询行业，更需要协同创新来创造价值。

戏剧原型的使用非常简单，可以准备一些简单的道具，比如：用纸板搭建服务场景进行演练，让扮演的用户和服务提供者在相对真实的情境中即兴表演，或者按照一定的脚本进行表演。这种沉浸式表演的优点在于，可以展现更多真实的情绪，非常适合于服务测试和发展互动细节。

与桌上演练相似，对于要排演的服务设计过程，我们可以选择任何有具体流程或者步骤的服务设计形式，比如：故事板或用户体验地图。参考人物角色和利益相关者地图来确定主要角色和想要达成的目标，再定义环境，确定服务中包含的可用物件。

3. 调查排练

调查排练（Investigative Rehearsal）是一种戏剧性的方法，它通过对特定服务场景的反复排练，深入理解和探索行为和过程。排练是服务设计中的关键性技巧之一，调查性排练是一种结构化的、建构性的、全面的方式，用来检查互动和制定新策略。实施这一方法能够从体验的角度明确情感，还可以揭示使用物理空间、语言和语调的许多实用性。

调查排列工具可以在设计过程的很多阶段被使用，并不局限于原型设计和验证阶段。它可以用于设计研究问题，用于构思、原型设计和测试，甚至用于培训员工，推出新服务系统。

这一工具在应用上分为两部分，第一部分需要进行前期系统的准备：首先，根据研究问题、目的和原型选择测试整体的体验还是部分的体验。其次，寻找合适的安全空间为后续的调查排练做准备。找到一个开始进行调查排列的起点，对现存的服务或者体验来说，开始的点可以是一些源于研究的故事，比如：通过讲故事的方法创建故事。对于新的项目任务，可以从客户未来的旅程图开始。最后，设置团队、房间和最终的故事。在房间中将团队分成几个组，每组 4 ～ 7 人，每组进行一个故事或者一个版本的原型旅程的排练。

前期准备结束之后，要进行下一步的具体调查排练操作：调查排练的过程分为三个部分，对没有经验的团队来说，其最好坚持按照这个步骤进行操作。首先是观看，要求每个团队在几分钟内完成在场景中的表演，让每个人了解情况。身处场景中不要评论，完成后请鼓掌。快速查看每个团队的所有排练，决定先开始哪一个。其次是理解，可以要求一个团队重新开始排练，当现场外的人注意到任何有趣的事情时，要喊“停”！作为一名主持人，试着在场景发生三秒后停下来，并提问：“我们已经知道了什么？我们怎么知道的？”这个阶段的目标是深入了解身体和动机层面正在发生的事情。最后是改变和迭代，通过场景再现来寻找替代方案，而不是改进方案。这次叫停的时机是在发现服务端有何不同时，让表演者通过扮演一个角色来展示这种想法，改变后的场景要演练一段时间，让团队有充分时间在下一次叫停止之前发现改变后的效果。当你有足够时间看到改变后的效果，再次停止并询问观众和场景中的人是如何体验这种变化的，在讨论更改时，尽量避免评判，试着确定其效果，并在活动挂图上记录这种想法。然后决定场景是否要继续，查看替代方案重返原始版本。

在完成上面任务之后，首先要始终保留一份简明的错误列表，一些见解、想法和问题。然后，进行下一个场景并重复上述步骤。最终，记录并完成工作，使用用户旅程图、照片故事板或视频来记录排练中最新服务体验。

2.7.2 物理服务触点设计

1. 纸板原型

纸板原型（Cardboard Prototype）是指用纸或者纸板制作任何可能的物理触点，比如产品原型、环境的 3D 模型等，这是一种低保真的原型方法，常用来测试服务体验中的物理对象或环境（图 2-28）。例如：用纸板原型

← 图 2-28 纸板原型

方法制作的银行营业厅的内部环境、自助办理业务的机器、柜台、座椅、各种设备和小道具等，材料主要使用廉价的纸板，以及各种容易得到的材料——橡皮泥、胶带、塑料泡沫、管道等。

根据项目的实际需要，模型可以是实际大小，也可以缩小尺寸。小尺寸的模型适合快速迭代，大尺寸的模型适合沉浸式的体验。一般情况下会配合桌上演练或调查排练来使用，以进一步探索和验证核心功能以及这些对象在未来服务中的语境。

纸板原型具有成本低、制作时间快、易于上手和修改的特点。可以让设计师大胆地去搭建和修改，在搭建过程中不断产生新的想法，排除那些不实际的想法。这种方法适合造型简单、精度要求低、要快速迭代和反复修改的产品或场景。

2. 搭建纸板原型

搭建纸板原型分为以下几个步骤：

构建必要的部分，根据项目实际需要选择需要构建的内容，列出清单，明确想要了解什么？是想测试对象还是环境？是整个环境还是其中的一部分？对哪个部分最感兴趣？想让用户在某个环节做什么？明确这些目的之后，使用简单的材料来搭建要测试的对象或环境。如果要测试交互体验，则需要搭建互动所需的一切道具。

邀请用户进行原型测试。团队人员要分成两部分，一部分是辅助操作人员，另一部分是观察人员。辅助操作人员帮助用户完成测试任务，根据用户需要可以进行操纵、替换或者添加零件，不断迭代直到任务失败或者完成任务。观察员要记录整个过程中用户的行为，创建发现问题的列表，记录错误、洞察和想法。测试结束后，要花时间思考哪些测试有效，哪些测试无效，以及如何进行更改或进行下一步测试，将要进行的任务根据重要程度进行排序。对相关的文件进行存档，可以用照片或视频等。

2.7.3 数字服务触点设计

1. 线框图

线框图（Wireframing）是界面的二维示意图，展示了特定的界面上将存在哪些元素。可以手绘（图 2-29），也可以用软件绘制（图 2-30）。它类似于一个页面的框架，不包含颜色、样式或图形，专门关注内容、可用功能、关键元素的位置，以及用户如何与它们交互。

线框图用于设计的早期阶段，它能帮助设计师和研究者及时发现问题，它容易进行更改、实现反馈和快速迭代。通过消除界面的颜色、图像和细节，其能让设计者不得不专注于每个元素的布局和功能，从而为用户提供获取最佳体验所需的结构。

线框图分为低保真和高保真两类，低保真通常是粗糙的非交互式的纸质草图，只包括最基本的内容和视觉效果。高保真线框图则具有非常详细的细节，不过制作高保真线框图耗时较长。

在绘制线框图进行用户测试之前，要根据研究或项目的需求选择合适的目标用户群体进行测试，然后使用手绘方式或软件制作线框图，使用占

← 图 2-29 手绘线框图

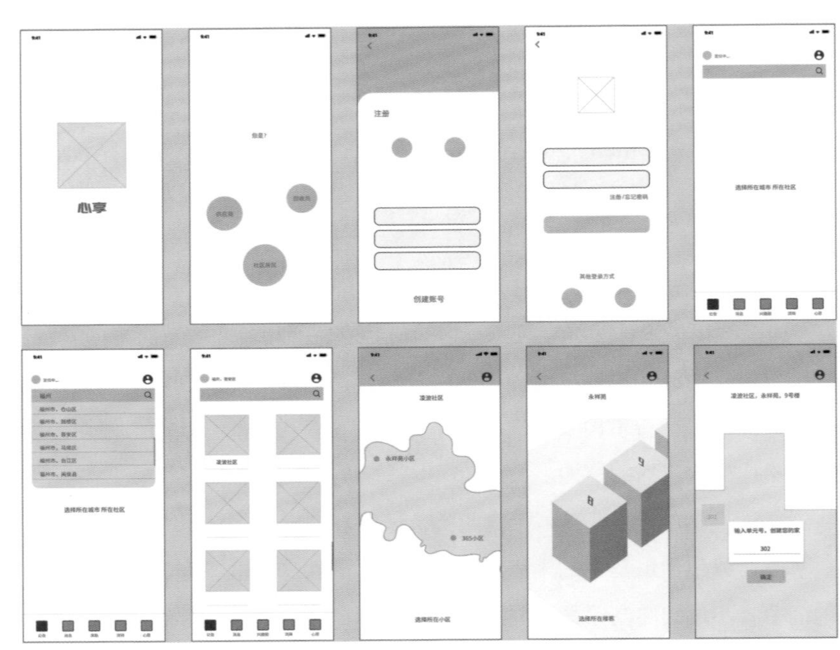

图 2-30 软件制作的线框图[1]

[1] 图片制作：陈倩茹

位符代替相应内容，不使用颜色和特殊字体，尽量避免展现界面的美学特征。将绘制好的线框图展现给用户，向他们介绍线框图，解释视觉约定，展示关键元素。随后与他们进行讨论，在讨论过程中记录关于界面元素行为的更改和新想法。

2. 用户流

用户流（User Flows）是用户为了达成某个目标，对网页或应用程序进行操作的执行路径，它是用户在浏览网页或应用时的一个个“小旅程”（图 2-31）。

比如，电子商务网站的购物流程：

- 用户从浏览首页开始；

- 在主页导航找到各类商品门类；
- 从商品门类中选择特定的项目，并导航至商品详细信息页面；
- 在商品详情页面，添加商品到购物车；
- 在购物车页面，用户导航至结账；
- 结账完成看到确认提示的界面。

这是一个用户购物流程的简化版，在具体的操作中会有多种选择，用户流不一定是线性的，还可以有分支，比如：各种相似商品的比较，选择不同的支付方式等，用户可以采用各种路径完成购物流程。在产品开发之前，用户流可以帮助设计师和开发人员有效地分解复杂的流程，发现用户流中的转折点和需求点，从而优化用户体验。

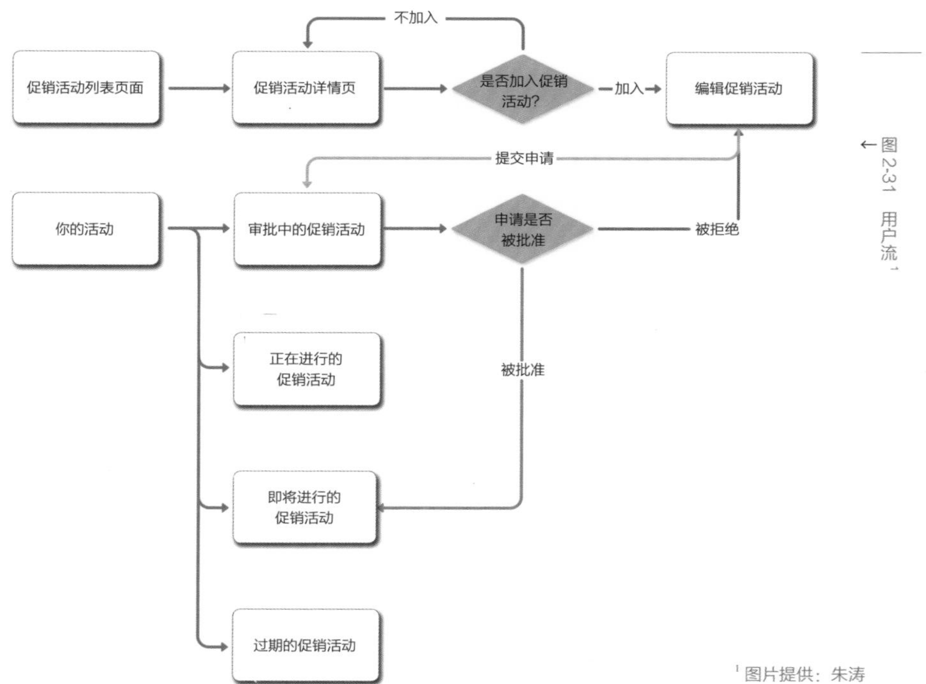

← 图 2-31 用户流[1]

[1] 图片提供：朱涛

用户流的出现是因为设计师在进行网站或应用程序界面设计的时候，并不总能达到最佳的用户体验，设计过程往往将外观设计、用户感受和使用流程与用户试图实现的目标割裂开来。为了达到最佳的用户体验效果，用户流的设计模式产生了，用来关注用户要完成哪些工作，以及采用什么样的有效方式来交付这些工作。

用户流是网站和应用程序设计内容的基础，它能够帮助设计师聚焦用户需求，构建满足这些需求的流程和体验。用户流的设计首先从了解用户目标和商业目标开始，比如：网上购物的用户流，你要明确用户的目的是购买产品？购买一款替代产品？想要退换货？在明确这些目的之后，就能够和商业目标比较创建用户流。流程是用户到达网站，完成一个个任务的过程或步骤。

用户流的创建包含如下四步：

- 明确用户目标。可以从定义用户开始，也可以使用用户旅程中用户的需求、故事开始确定用户目标。
- 从用户行动角度明确任务流（Task Flow）。任务流是用户在每个步骤中为完成目标或任务所做的工作。比如：第一步为用户浏览首页；第二步为用户点击视频按钮；第三步为用户查看所有的视频。
- 根据任务流创建线流（Wire Flow）。线流是一种结合了线框图风格的页面布局格式，采用了一种简化的流程图来展示网页或软件的各种交互设计。线流是根据任务流以线框图的风格表现出来，在用户浏览视频的例子中，从用户浏览首页、点击视频按钮到查看所有视频的过程，需要按照任务流的步骤来绘制简单的线框图。
- 创建用户流。再以用户浏览视频为例，第一步为用户前往首页点击“视频”；第二步为用户查看他们存储的所有视频；第三步为用户添加他的第一个视频。这个例子描述了用户为了完成目标所需的页面、逻辑和操作。

3. 卡片分类

卡片分类（Card Sorting）是一种用于帮助设计或评估网站信息架构的方法，是一种简单易用的信息整理工具，还可以用于了解目标人群的事物的特定归类。卡片分类可以用于信息架构、流程拟定、重要性排序，或者作为线索来探讨价值观和选择原因的深入对话。在原型设计和验证阶段，卡片分类可以验证数字服务触点，比如：验证网站的信息架构，邀请网站的目标受众对网站内容进行分类排序，有助于从用户的角度理解信息的组织，目标受众可以帮助设计团队规划网站的菜单内容和导航结构，根据最终分析结构进一步优化信息架构（图 2-32）。

卡片分类的主要流程为：

- 制作卡片。根据测试的主题准备好主题卡片，每张卡片一个词语主题或一幅图画，数量在 50 ～ 70 张，过多容易让参与者疲劳。
- 邀请目标受众对卡片进行分类。如果是已经上线的产品，建议对产品的真实用户进行测试，如果是未推出的产品，可选择潜在的用户群体。

← 图 2-32　卡片分类

通常情况下，邀请 15 ～ 20 名目标受众就能发现存在的大部分问题。在卡片分类前要清晰地介绍活动，让参与者充分了解项目的背景信息。在卡片分类中，保持中立的态度，观察用户的分类过程，让用户顺利、无压力地完成任务，对用户不能决定分组的卡片，要询问并记录原因，这些卡片可以放置不予考虑。

- 对分类进行命名。分类结束后邀请参与者对分类卡片进行命名，以帮助研究团队探索参与者对主题空间的心理模型。
- 分享分类的原因。如果时间允许，可对其进行短暂访谈了解参与者分类的原因，比如：命名的原因？根据什么来分类的？分类中有哪些困难？可以让参与者分享分类背后的思考。

4. 纸质原型

纸质原型（Paper Prototyping）是使用交互式纸质模型对软件和界面进行原型制作和测试的常见低保真方法。将界面的不同屏幕手绘在纸上，提供给用户测试，用户通过手指的“点击”来使用界面，指示他的操作意图，研究人员即时将下一页屏幕进行替换来模拟计算机或设备的操作。纸质原型方法具有制作速度快、成本低、效率高、更改快速的特点（图 2-33）。

1990 年以来，纸质原型一直是原型软件和界面工具的组成部分。应用纸质模型的优点是显而易见的，尤其是在流程的早期，它可以快速地完成建构和测试，在原型本身的测试阶段，纸质模型也很容易被修改。尽管纸质原型在其基本外观上是低保真形态，但它在其他方面，比如导航结构，可以具有高保真度，从而在早期为这些领域提供深刻的见解。

纸质模型的制作要根据人物角色或特定用户类型进行构建。首先要绘制用户在使用界面时所需要的部分，确保涵盖核心功能的所有流程：菜单、对话框、页面、弹出窗口等，准备好测试的纸面原型后，分配角色准备测试。邀请目标用户进行测试，测试时需要团队成员提供模拟计算机的

← 图 2-33 纸质原型

服务，当用户用手"点击"到某个功能按键的时候，团队成员需要模拟计算机操作，迅速将下一个界面替换给用户。同时，还需要团队其他成员记录用户在使用纸质原型时，有哪些困惑，哪些是与团队成员预想的不一样的地方，这些都是下一步要进行改进和迭代的地方。

2.7.4 服务生态和商业价值设计

1. 商业画布

商业画布（Business Model Canvas）是由亚历山大·奥斯特瓦德（Alex Osterwalder）发明的，这是一种用于可视化、挑战和重新发现商业模式的策略管理工具。奥斯特瓦德和伊夫·皮尼厄（Yves Pigneur）在《商业模式新生代》（*Business Model Generation*）一书中详细介绍了商业画布的使用模式，目前，世界各地的相关组织和初创企业都在使用它。

在服务设计中，商业画布的作用是帮助设计团队思考如何通过该设计盈利。商业画布提供灵活多变的计划进而帮助使用者催生创意，它还将商业模式中的元素标准化，将 9 个关键模块整合到一张画布中（图 2-34）。

商业画布的每个模块都提供了特定的商业思考角度。在使用该画布的时候可以按照图 2-35 所示的顺序去运用。价值主张是商业活动的中心，围绕价值主张形成内部活动（客户细分、客户关系、渠道）、外部资源（关键业务、核心资源、重要伙伴），以及可能产生的收入和成本构成对设计盈利方式展开探讨。

（1）客户细分：谁是我们最重要的客户？企业不可能满足所有客户的需求，常见的客户细分市场有：大众市场、利基市场、区隔化市场、多元化市场、多边平台或多边市场。

（2）价值主张：项目的核心卖点是什么？面对买方市场，产品同质化严重的情况下，要提出区别于竞争对手且能吸引客户的核心价值卖点。

（3）渠道：产品生产出来，要通过渠道提供给消费者。渠道是连接客户与价值主张的桥梁，通过这些渠道，消费者可以了解感知产品或服务的价值。渠道包括我们联系消费者的方式，产品售卖的渠道，传递价值的方法等。

（4）关键业务：该模块是为了确保商业模式的可行性，必须要做的重要事情。

（5）收入来源：分析有多少让消费者付钱的地方？什么样的价值消费者愿意买单？消费者是如何支付的？消费者更愿意如何支付？以及每种收入来源占比多少？

（6）核心资源：商业模式有效运转所具备的重要因素，包含价值主张、渠道、客户关系和收入来源所需要的核心资源。

（7）成本结构：描绘运营一个公司引发的所有成本。要清楚商业模式中最重要的固有成本是什么？哪些核心资源和关键业务花费最多等。

（8）重要伙伴：商业模式有效运作所需的供应商与合作伙伴，他们能够提供哪些核心资源，合作伙伴能够完成哪些关键业务。

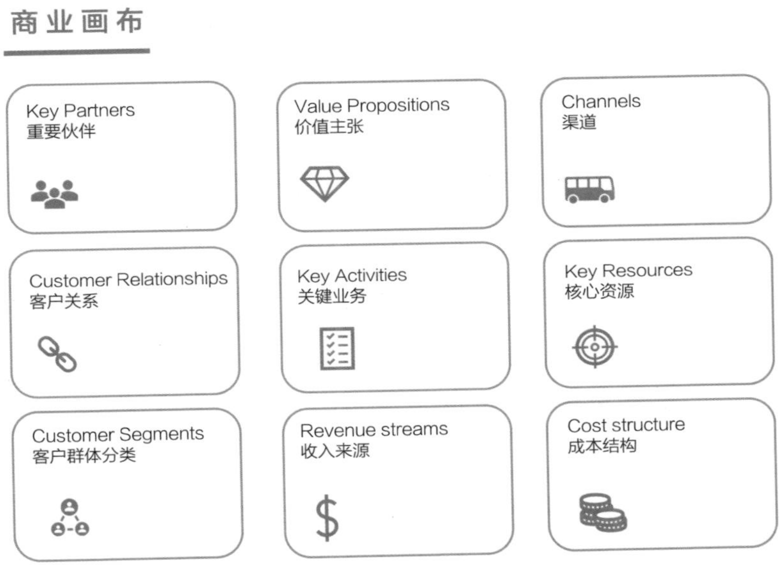

商业画布

Key Partners
重要伙伴

Value Propositions
价值主张

Channels
渠道

Customer Relationships
客户关系

Key Activities
关键业务

Key Resources
核心资源

Customer Segments
客户群体分类

Revenue streams
收入来源

Cost structure
成本结构

← 图 2-34　商业画布

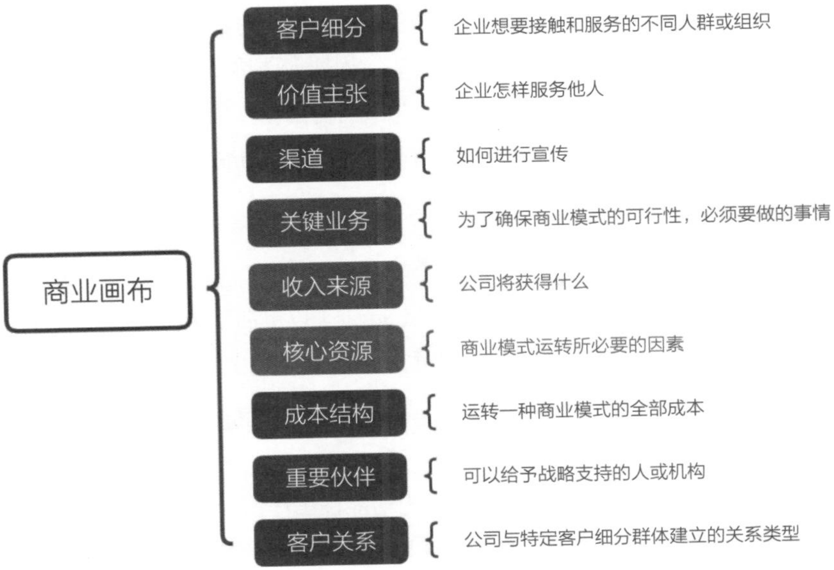

商业画布

- 客户细分：企业想要接触和服务的不同人群或组织
- 价值主张：企业怎样服务他人
- 渠道：如何进行宣传
- 关键业务：为了确保商业模式的可行性，必须要做的事情
- 收入来源：公司将获得什么
- 核心资源：商业模式运转所必要的因素
- 成本结构：运转一种商业模式的全部成本
- 重要伙伴：可以给予战略支持的人或机构
- 客户关系：公司与特定客户细分群体建立的关系类型

← 图 2-35　商业画布的模块

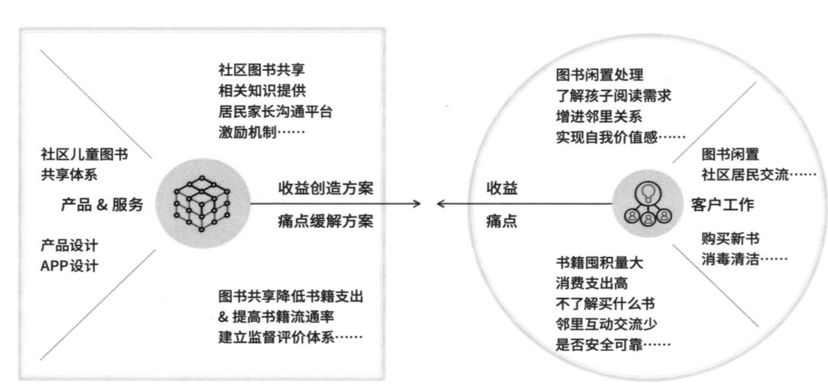

图 2-36 价值主张画布[1]

[1] 图片制作：赵嫣然

（9）客户关系：描绘公司与特定客户细分群体建立的关系类型。思考这些关系的成本如何？如何从客户身上开发更多的价值？

在商业模式画布被广泛应用的背景下，新的三级商业模式画布被提出，它由商业模式画布（经济影响层级画布）、环境影响层级画布和社会影响层级画布组成。环境影响层级画布以生命周期为理论基础，关注企业的可持续发展；社会影响层级画布以利益相关者为理论基础，关注企业的社会责任与经济产出的关系。新的三级商业模式画布推动商业模式画布朝着更加成熟的方向发展。

2. 价值主张画布

价值主张画布（Value Proposition Canvas）以更加结构化和细致化的方式描述了在商业模式里特定的价值主张的特点。如图 2-36 所示，将价值主张拆分为产品和服务中对应的“痛点”解决方案和如何创造收益的想法，还包括客户的工作。

在价值主张画布中，客户工作分为功能性工作、社会性工作、情感性工作和支持性工作等类别，这些工作并不具有同等重要性，只有不能完成会对客户工作和生活产生重大影响的工作产生才是最为重要的工作。同样的道理，客户的痛点也分不同的等级，痛点是指客户完成工作时遇到的妨碍性因素、事件等。比如客户说：“这项服务的支出对他们来说太贵了！”你要区分清楚，什么样的价格会让客户觉得太贵了，什么样的价格虽然让客户觉得贵，但是客户可以忍受等。要会评估客户痛点的级别，然后针对痛点的级别做出相应的方案。

客户收益是指客户想要的结果或效益，收益也分为功能性收益、社会性收益、积极的情绪收益以及节省的费用等，这些收益又被划分为必需的收益、期望的收益、渴望的收益和意外的收益。其中，必需的收益是客户收益的底线和保障，如果不能实现这一收益，那么产品或服务就没办法被使用。比如：一辆自行车如果不能骑行，那就失去它作为自行车的功能。期望的收益也属于基本收益的类别，它的存在与否也会影响整个项目的运行状况。渴望的收益则是远超客户预期的收益。意外的收益指客户完全没有考虑到的收益，比如：在高铁运行之初，完全没有想到它会覆盖整个中国的铁路网，以快速、方便和经济性的优点，成为我们日常生活出行的首选。

在明确上述的步骤之后，要对客户工作、客户痛点和客户收益进行分级，挖掘客户真正关注的点，最后绘制客户工作、痛点和收益的最佳实践，进一步提升客户感知和用户体验。

第 3 章

创新案例

这一章节通过五个案例展示服务设计的应用，具体内容如下：

1. 第一个案例：植物旅馆为设计研究课题；
2. 第二个案例：创新零售为设计创新课题；
3. 第三个案例：协同设计为设计创新课题；
4. 第四个案例：共情用户为企业落地实践；
5. 第五个案例：故事商店为企业落地实践。

3.1 植物旅馆

植物旅馆的研究课题开始于吴逸颖博士研究期间，我有一次去阿尔托大学阿拉比亚校区的教室，看见她很紧张地查看放在教室对面房间的几盆植物是否有人帮忙照看。那时我并不了解她的研究，直到有一天收到她出版的著作——《自行车和植物：为欢乐和有意义的社会关系设计》（*Bicycles and plants*：*Designing for conviviality and meaningful social relations through collaborative services*）才恍然大悟。仔细读完了整本书，我发现这是一本很有趣的设计研究著作，通过研究案例——从自行车到植物旅馆，其轻松地展现了整个研究脉络。

植物旅馆的研究项目一直持续到吴逸颖博士在香港理工大学任教期间。植物旅馆的研究目的正如这本书的标题描述的那样，通过协同方式创造有意义的、欢乐的社会关系。研究问题关注的是服务设计如何为人们创造机会，让参与者作为有能力的代理人相互影响，并发展有意义的社会关系。

3.1.1 研究简介

五家植物旅馆探索五种社会关系，吴逸颖在2014—2020年总共开设了五间植物旅馆，调查服务设计如何在小规模环境中创造新的社会关系。为了实现这一目标，其在植物主人不能照看植物的时候，邀请周围的人帮助浇灌植物。植物旅馆在五种不同的环境下开放：社区画廊、大学走廊、会议室、老年护理服务中心和国家之间的军事化边界。前四种是在北欧国家实践过的，最后一种是虚构的（表3-1）。

表3-1 五间植物旅馆

	植物旅馆 1	植物旅馆 2	植物旅馆 3	植物旅馆 4	植物旅馆 5
社会环境	赫尔辛基街区画廊	阿尔托大学的走廊	斯德哥尔摩的学术会议	赫尔辛基国有养老服务中心	朝鲜和韩国的边境
时间	2014年6月27日—8月3日	2014年10月—11月	2015年6月3日—6月10日	2015年6月—8月	虚构化
客人的植物	48	2	14	43~46	无
植物所有者	24	2	13	11~13	无
植物护理者	134名参观者中的70人	8	14以上	5以上	无

植物旅馆的设计是围绕一种新型的服务理念探索新的公共社会关系。这个系列从第一间旅馆开始，其后的每一间旅馆都是根据前一间旅馆的发现和反思不断迭代的。该系列植物旅馆并不是一个系列的实验，而关注的是创建人与人之间关系的一般流程。每一间旅馆都会在之前的旅馆案例研究的基础上添加一些新的元素或变量。

这五间旅馆在背景方面存在差异，但没有原因和影响方面的差异。参与者感兴趣的是人与人的关系和创造它们意义的方法。在分析旅馆时，研究者看到一些参与者如何将自己定义为制度的现实守护者，这导致他们关注这些制度如何塑造旅馆，以及其他参与者如何与这些制度保持一致。

五间植物旅馆的设计和操作过程都被记录在案，每种植物上的植物故事板和植物旅馆参与者记录的文本都被收集。

3.1.2 植物旅馆 NO.1

“给别人的植物浇水”是吴逸颖和吉泽葵(Aoi Yoshizawa)的共同想法。2014 年夏天，她们在赫尔辛基南部港口的一个街区画廊开设了第一间植物旅馆 NO.1（图 3-1）。最开始的设想是选择一个普通社区，就像街边的商店和咖啡馆一样，然后考虑到有限的预算和短期内不可能进行商业运转，就选择了这家位于 Punavuori 街区的画廊——一个不起眼的小地方，她们无意选择一个有特色的艺术场所。目标是为邻居们创造一个公共空间，让他们聚在一起给植物浇水、社交或做任何他们认为有意义的事情。为了让更多的路人与植物联系在一起，他们将植物摆在店外，以获得更多的互动。

→ 图 3-1 植物旅馆 NO.1

植物旅馆 NO.1 开设了 7 天，在开放期间，研究人员作为“服务人员”与参观者互动，同时，通过实地笔记和照片的方式记录参观者的活动（图 3-2—图 3-4），还用了 GoPro 相机，其拍摄的视频与实地笔记作为收集的数据，而后对这些数据进行了分析。每位客人提供的植物都会被附上了一个“故事板”，植物所有者和看护人会在上面留言。这些会被记录在案，此外，其还通过在线问卷和电子邮件进行了数据收集等。

在植物旅馆营业期间，鼓励参与者分享有趣的故事和有趣的技巧，植物故事板附在每株植物上。在向公众展示自家种植的植物时，附近的人们会留下各种各样的信息，有讲述独特故事的：这盆植物是从垃圾桶里捡到的；有寻求帮助的：谁知道在芬兰怎样种辣椒；或者表达自豪和分享知识的：蛋壳是我父亲的秘密肥料！（图 3-5）研究者还为每位植物提供者的植物附加了一个“故事板”（图 3-6），“植物故事”一方面是让植物所有者留言，另一方面是让护理人员写下他们的姓名和浇水日期。

←图 3-2　参观者与植物互动

图 3-3　参观者与植物互动

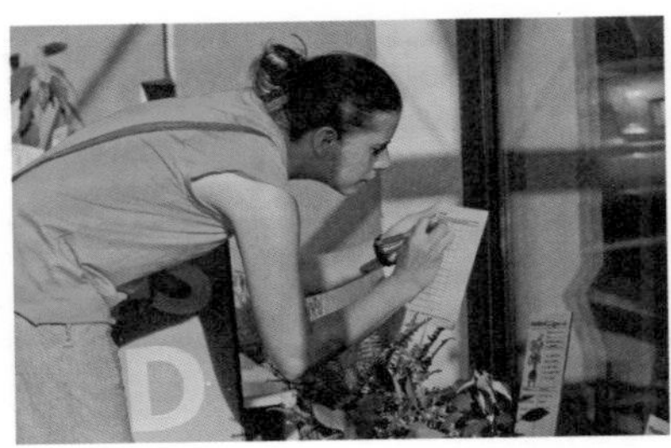

←图 3-4　参观者与植物互动

图 3-5　覆盖着蛋壳的两株植物

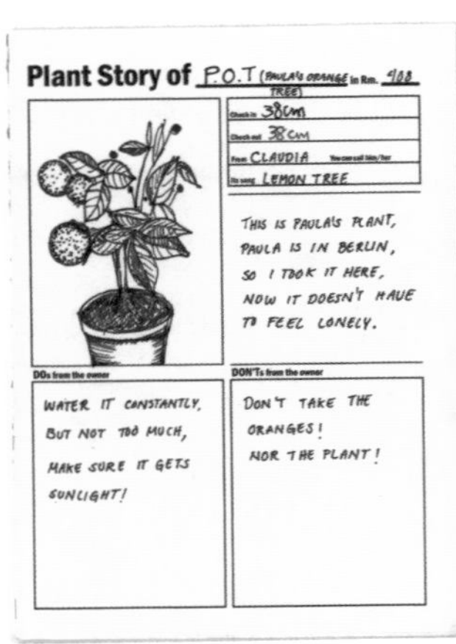

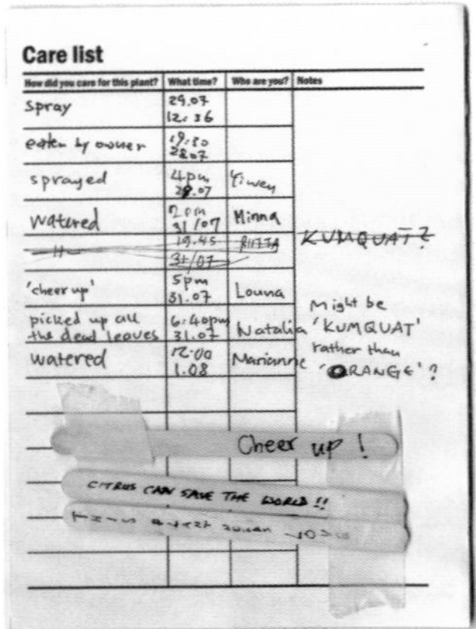

图 3-6　客人植物的故事板

植物旅馆 NO.1 在 7 天的开放时间接待了 100 多位客人，并被当地两家媒体报道。这些客人主要是植物爱好者，植物旅馆 NO.1 成为植物爱好者之间的真实故事、经验和技能分享的陈列室。然而，向路人介绍这一概念却花了不少时间，客人们看到了植物旅馆的价值，研究者甚至可以说服他们为植物旅馆作出贡献，正如表 3-2 所记录的那样：

表 3-2　与参观者的互动

研究者	这是一间植物旅馆，当你去旅行时，你可以托管你的植物。
参观者	哇，这真是个好主意！她很兴奋（提高了音量）。我刚度假回来，我所有的植物都死了。
研究者	这些是已经登记“入住”的植物，这些是植物提供者分享的故事。 这些蛋壳被当作有机肥料。 这株植物的提供者让参观者给他的植物拍张照片，然后寄给他。 这些是日本紫草，她愿意捐出种子。
参观者	哦，可爱的！她弯下腰，仔细地读着每个故事板，当我讲这些故事时，她咯咯地笑了。
研究者	所有的植物都是由路过的邻居进行浇水的，我不给植物浇水。所以，如果你路过，看到一株需要浇水的植物，欢迎给它们浇水。

续表

参观者	哦，这很有趣！这是一个以社区为基础的想法！现在我们真的需要这种服务。
研究者	你能给这株植物浇水吗？如你所知，这是一项以社区为基础的服务。邻居们带来植物，其他邻居给它们浇水，所以，我们希望附近居民能够经常聚在一起，一起玩。
参观者	我知道，但是，我怎样浇水呢？我没有水。她有些迷惑地望着我。
研究者	我递给她一个水瓶，那位女士给其中的一株植物倒了些水，没看其他植物就把瓶子还了回来。我说了谢谢，然后我们的谈话就结束了。她回以微笑，走了出去。

3.1.3 植物旅馆 NO.2

2014 年 10 月的一个半月时间，研究者在教授办公室前开了第二间植物旅馆 NO.2（图 3-7）。作为一个小实验，为了尽量减少研究者的干预并让系统自主运行，研究者尽量不出现在现场，但是研究者记录了那些向她表达的想法。

这些登记入住的植物被放在教授办公室前的休息区，办公室是一个开放的空间，有五位设计系的教授在此办公。办公室的大玻璃窗，让教授们

← 图 3-7 植物旅馆 NO.2

无法忽视放在玻璃窗前的植物，这种做法可以理解为强制教授和入住的植物建立联系。我们向那些具有反叛精神的学生发出邀请：带上你的植物，相信你的教授！它旨在挑战教授和学生间的身份关系：

- 教授和学生之间的身份关系是重要的还是必要的？
- 教授们真的很忙吗？
- 我们可以请他们给学生的植物浇水吗？他们会在意吗？
- 有学生会接受这个邀请吗？

该研究的意图既不是使等级制度问题化，也不是要改变关系。相反，更多的是通过挑衅来传达和揭示这种社会关系的性质。正是通过提出一种不可能的可能性，其就在干预中实现了“如果客人的植物死亡，教授不能转移责任”的规则。这种关于养殖植物的非正式和有趣的渠道，旨在促进教授和学生进行对话，否则这些对话就不会发生。就在第一天，一位教授问研究者：“你是在批评我们不经常来学校吗？”

在将近一个月的时间，除了研究者的植物，只有一位教授带来了一盆花，给研究者的植物浇了一次水，其他教授都没有提供过帮助，尽管他们会不时地观察植物。面对挑战性的话语，他们将植物与挑战性的话语联系起来，而不是与植物需要照顾联系起来。他们坚持通过拒绝给植物浇水来维持甚至巩固他们的社会地位。当一位教授在电梯里遇见研究者时，他说：“今天早上我突然意识到植物还是绿色的，难以置信，你在偷偷浇水吗？”他明确地声称他对植物并不关心，从而战略性地挑战了研究者的挑战。另一位教授甚至明确地说：“我不在乎学生们的植物，我更担心的是他们的研究。”

3.1.4 植物旅馆 NO.3

植物旅馆 NO.3 开设在一个没有太多制度背景的环境中（图 3-8），它是为一个为期四天的学术会议而开设的。会议在斯德哥尔摩的设计学校

← 图 3-8　植物旅馆 NO.3

Konstfack 举行，与会者是来自五大洲的 30 所与设计相关的学校。会议开始前，研究者从斯德哥尔摩当地学校的 12 名学生、教授等那里收集了 14 株植物，这些同意让他们的植物登记“入住”的人，还需要在参会的 30 所学校中选择一所学校的参会者作为植物的照顾者，并说明他们选择的原因。原因写在与植物一起展出的大木板上，并作为数据记录在案。展览期间，研究者没有出现在现场，然而她却记录了 18 个人关于他们对植物旅馆的想法和解释。

下面这个例子向我们展示了植物提供者和植物照看者之间的互动：

植物旅馆 NO.3 的一位植物提供者是 Konstfack 学校的研究员，她选择了一所非洲设计学院的参会者照看她的植物，因为她喜欢那里的可持续发展教育项目。她在植物的盆上附上了小纸条：“我希望这株小植物能开启全球性的大对话！”非洲学校的教授，也是她的朋友，给她的植物浇水，并开始与她交谈：“嗨，我刚刚给你的植物浇水了。”后来，她向研究者表达了她复杂的感受：“我的心情很复杂。积极的一面是我让他给我的植物浇水，因为我喜欢他的学校。开始对话是一种友好的态度。消极的一面是我感觉我把劳动外包给了我的客人，这不是很好。尤其是涉及敏感的部分，如果从广义上说，我作为一名白人女性，将我的工作外包给了一位远道而来的非洲男人，这样做是否正确？”这揭示了在这个几乎以白人为主的北欧会议背后更复杂的地缘政治。

这个项目最大的挑战是让参与者关心植物，与同行研究人员建立联系和寻求灵感，因此，这些登记入住旅馆的植物应该具有相关的象征价值，浇水行为应该不仅仅是照看植物。学术界的研究者认为植物旅馆可能是解决这些问题的一种方法，学者们参加会议是为了与其他研究人员建立联系，不管是相互熟悉的还是不熟悉的研究者，都可以一起交流想法，也不管他们来自哪里。研究者认为，植物旅馆可能有助于开启与同行研究人员的对话，并超越潜在的敌对关系。

3.1.5 植物旅馆 NO.4

2015 年夏天，在吉泽葵的帮助下，在赫尔辛基的两个养老服务中心（Kaa 和 Koo）开设了第四间植物旅馆 NO.4：Kaa 和 Koo，它们均由当地政府经营，旨在提高老年人的社会生活质量和福祉，退休老人可以在工作日的早上八点到下午四点使用服务中心。这些中心组织各种社交活动，并提供咖啡、餐饮和图书借阅等服务。这两家养老服务中心接受植物“入住”的原因是他们认为给植物浇水对他们的客户来说是一件很好的事情，而且他们需要绿色植物的点缀。

从 2015 年 6 月到 8 月，这两间植物旅馆开设了两个月。Kaa 的植物旅馆开设在咖啡厅和图书馆的混合空间（图 3-9），Koo 的植物旅馆开设在咖啡区和公共客厅（图 3-10）。Kaa 的植物旅馆总共收到了 11 位植物提供者的 46 株植物，Koo 的植物旅馆收到了 13 位植物提供者的 43 株植物。

由于服务中心的许多年长者不会讲英语，该研究得到了两位芬兰语研究人员的帮助，他们帮忙做了实地记录，并访谈了不会讲英语的参与者，总共采访了 16 位植物提供者和 3 位护理人员。研究者则与每个服务中心举行了两次会议，一次是在计划开始之前，另一次是在计划结束之后的反思时，所有的会议和采访都被录音和转录。研究者每月还去服务中心做一次笔记，安排植物登记“入住”和“退房”，更换附在每位客人植物上的信息板等。研究者试图尽量减少参与设计过程的时间，并尽可能多地给研究留出设计、实施和调整的空间。

← 图 3-9 Kaa 植物旅馆

← 图 3-10 Koo 植物旅馆

这两家植物旅馆挑战了年轻人对其与年长者之间的关系：我们可以要求年长者给我的植物浇水吗？这意味着什么？我想与他们发展什么样的交互关系？年轻的参与者进一步发展了与年长者联系的新意义意象，他们不再视植物为弱者，而是学会了欣赏与植物相处的经验。其中，三位年轻的市民在暑假旅行时把他们的植物带到中心。植物旅馆 NO.4 打破了年轻人与年长者之间通常情况下的劳动分工关系，也为他们之间创建一种新的友好关系打开了大门。

3.1.6 植物旅馆 NO.5

前面的四家植物旅馆的案例研究中，植物创建了人与人之间的联系，而人留在了背景中，然而，事情远不止这些，植物发挥作用的方式在第五家植物旅馆 NO.5 里得到了最好的说明。这是一个虚构的设计小说，探讨了植物在板门店军事基地的潜在作用。植物旅馆 NO.5 是一个虚构的探索性实验（图 3-11、图 3-12），它的目的是探索在最乏味和严格管制的军事边境重新设想开放社区的可能性，研究植物是否可以通过让双方人员开启和平对话来缓解紧张的政治局势。

→ 图 3-11 植物旅馆 NO.5 所在地（那些蓝色的房子）

Friday, 15.05.2020 *Reporting from Panmunjom*

Plant Hotel at the border of North and South Korea

Panmunjom opens a centre for plant exchange for visitors from both sides

This spring, Panmunjom, located in the Joint Security Area (JSA) at the border of North and South Korea, is opening an 'adoption home' of plants for visitors. It allows visitors to leave domestic plants when they visit the cross-border site from either side and also invites all visitors to water and adopt these plants as they wish. By starting the exchange and joint care for visitors' plants from two sides, Panmunjom wishes to catalyse more exchange between the people of the two nations.

In 2018, South Korean President Park Geun-Hye paid the first official visit to Pyongyang. Although no more official visits or negotiations have developed since then, cultural from the two sides have been offering friendly gestures towards dialogue and exchange, with acquiescence for now from both governments. Panmunjom is also open to these new cross-border moves. Growing as a popular 'sightseeing' point, Panmunjom is open for people to visit with guided tours. Since the first official talks between South and North Korea in 2018, there has been a dramatic increase in the number of visitors. This spring, Panmunjom is offering a new programme for its visitors. It is called 'Plant Hotel', as it borrows the metaphor of a 'hotel' where 'guest plants' are checked in and out as exchanges between visitors from both sides. Yes, it is actually about

←图 3-12 关于植物酒店的虚构的新闻报道

根据小说，植物旅馆 NO.5 在 2020 年 5 月的朝韩边境的板门店开业，它是植物的旅馆和收养中心，双方的游客可以把自己的植物带到那里，也可以给双方的植物浇水，或是领养它们。这项服务干预是 2018 年以来随着朝韩两国政治紧张局势的缓和而启动的，板门店作为唯一的跨境站点，正在提供一种新的服务——植物旅馆，通过植物交流和协作关怀鼓励双方对话。根据之前植物旅馆的规则，该植物旅馆提供了一个故事板，但由于敏感的政治背景，这些消息将受到审查。开业后，植物旅馆收到的第一批植物是来自一位在首尔工作的澳大利亚籍的英语老师，他接受了当地报纸的采访，并在旅游网站上发表了评论。

双方人员都是从浇灌植物的非正式行为开始的，双方都可以将植物置于严格的监视之下，只允许在一个植物故事板上留下有限的文字。在植物的推动下，人们相信植物旅馆将成为一个让市民见面并有意义的地方，其能够进行没有直接接触的跨境对话。植物旅馆试图温和地探索有争议的政治局势之间的平衡点，并推动其进行对话和走向和平。

在为植物旅馆 NO.5 创作小说的过程中，研究者意识到这些想象的构建会像对日常生活中的人的想象一样，塑造他们的活动。在冲突地区，这种间接联系为人与人之间的社交提供了机会：人与人之间不需要直接互动，因此人们可以放松下来，走到一起，而不必发展人际关系或进行对话，但仍然是一种愉悦的关系。

3.1.7 五种社会关系

五家植物旅馆是对五种社会关系的探索，植物只是作为媒介，而透过植物研究的是植物是如何作为媒介来连接人们的。在每间旅馆内放置植物承载着不同的社会意义，旅馆巧妙地调动了当地人对植物和与他人联系的兴趣：

- 植物旅馆 NO.1 详细地展示了植物背后的人物形象是如何构建的，以及他们如何影响植物被照顾的方式。
- 植物旅馆 NO.2 探索了教授和学生之间的等级关系。
- 当研究者转向植物旅馆 NO.3 和 NO.4 时会意识到：人们也会创造制度形象，有时这些形象反过来又创造了围绕植物的社会行动模式。比如：植物旅馆 NO.3 展示了参与者可以根据国籍和国家地位等来塑造自己的形象。
- 研究者在植物旅馆 NO.4 中将植物带到了老年护理服务中心，研究者有兴趣了解老年人的生活，其也从年轻的植物所有者身上发现了同样的动机，在日常生活中，年轻人很少有机会与年长者开始这样的对话和关系。
- 植物旅馆 NO.5 提出：植物可以在有争议的社会环境中成为引起共鸣的媒介，但其明显的弱点是它是虚构的。

植物旅馆的设计，简单而无组织，使人们能够理解其他参与者的形象，并通过参与者定义一种新的方式进行联系。植物旅馆一直在寻找产品消费或专业服务交付之外的新的可能性。给植物浇水的服务满足一种特定的日常需求并具有特定的特点，浇水作为一种工作非常简单，几乎不费吹灰之力，工作量无法与烹饪或保姆工作等其他工作相提并论，而且失败的代价很小。尽管研究一个案例具有局限性，但该研究揭示了服务设计是如何帮助人们寻找他们认为有意义的新社会关系的。“服务设计如何为人们提供发展有意义的社会关系的机会？”通过回答“如何”，研究者希望为服务设计提出一个新的系统定位。本研究的案例表明，在缺乏规则和制裁的情况下，植物、人及制度相互联系产生的多重意象是如何不断发展的。

3.2 创新零售

3.2.1 项目介绍

作者自述：该项目是朱涛[1]团队的合作项目，目标是通过服务设计创新改造代表传统零售业的意大利超市 Esselunga，为意大利年轻用户提供轻松的、定制化的食物购物体验。Esselunga 是一家意大利零售连锁商超市，成立于 1957 年。这是意大利第一家与 Giuseppe Caprotti 合作推出在线购物和自产有机产品的连锁超市。Esselunga 公司拥有 2 万名员工，占据着意大利杂货分销市场 9% 的份额。

[1]朱涛，2013 年毕业于景德镇陶瓷大学产品设计系，2021 年毕业于米兰理工大学交互设计专业，目前就职于新加坡 TikTok 公司。

不同于以往追求效率、强调促销、死板的零售体验，改造后的 Esselunga 能够让用户在购物的过程中了解到关于食物的更多信息，比如：营养成分和烹饪方式，可以满足用户对生活的情绪价值。

值得一提的是项目在设计的过程中并没有遵循常规的服务设计方法，而是创新地使用了以设计创新为导向（Design driven innovation）的理论为基础而开发的意义创新工具（Innovation of meaning）。

设计流程如下：

（1）总结当前最新零售业的意义创新；

（2）进行零售业竞品线下调研并分类，确定意义创新方向（Extreme new meaning）；

（3）通过意义工厂系列工具对创新方向进行优化，并最终通过“商业创新宣言（Manifesto of business innovation）”的形式进行整理；

（4）进入常规服务设计流程，先确定服务流程中触点的意义时刻（Moment of Meaning，MOM），完善用户旅程，之后使用商业模式画布等工具对服务的商业模式进行完善。

这个项目提供了使用服务设计工具进行商业模式创新的实践经验，也为对意义创新感兴趣的研究者提供了一个有趣的学习案例。

3.2.2 需求探索

以设计创新为导向是一种创新的探索，成功的设计创新的关键是解释和重构。实施一种策略意味着制订一种行动计划，旨在实现一个长期目标。基于这一想法，创新可以是渐进的，也可以是激进的。本次的设计项目是定义一种战略计划，并定义未来杂货店零售的新含义。这个项目的设计目的是营造一种轻松的、定制化的“以食物为核心”的购物氛围。

通过实地观察发现，顾客购买产品或服务的原因，并不仅仅是想要它们的功能和形式，其真正需要的是产品或服务带给他们的体验，消费需求要通过体验来满足。通常情况下，围绕食物的话题有两种不同的活动类型：了解信息和购买原料。

在设计过程中，通过“What if”“Why”“How might we...”问题来帮助团队探索思考的方向，洞察消费需求和用户体验：

What if：

我们怎样在获得信息的时候产生购买行为？

Why：

如今购买杂货更多地是考虑购买的便利性和商品是否促销，所以不可能及时对商品本身有过多的了解吗？

How might we：

我们可以怎样让顾客成为食品专家，在购买的那一刻就意识到什么？

图 3-13 Esselunga 和 Amazon go

现任 -Esselunga	创新者 -Amazon Go
	amazon go
从（存在的意义）	**到（新的意义）**
必要的、非常有用的过程，由竞争性的活动组成，购买需要一定时间。	快速的、简单的、直观的购买过程，感觉不像在购买（无现金）。
一家邮局	**你的厨房**

我们可以怎样让人们的注意力重新回到产品本身，回到烹饪世界，把烹饪体验变成包容的和个性化的？

我们可以怎样争取让社区参与？

项目团队在需求探索阶段，在食品零售领域对比了提供创新购买体验的“Amazon Go”超市（图 3-13）和传统超市 Esselunga：

- Amazon Go 是亚马逊推出的“无人便利店”服务，Amazon Go 颠覆了传统便利店和超市的运营模式，实现了无现金消费模式，购买过程被简化了，给用户的体验不像在买东西，而像是走进厨房从冰箱里拿东西。
- Esselunga 超市有各种各样的商品，总是挤满了人，在那里购物对用户来说是一项耗时的任务，顾客只想完成购物任务，他们不享受购物的过程。
- Amazon Go 和 Esselunga 这两个品牌可能希望顾客花更多的时间在商店，显然，这是商家的愿望，但对于顾客来说，去杂货店购物应该成为一种更聪明、更高效的选择和体验。

杂货店是主要批量销售食品的零售商店。杂货店也提供瓶装、盒装和罐装的不易腐烂的食品，有的杂货店还售卖新鲜农产品，杂货店内也有面包房、肉铺、熟食店。目前，数字化技术已被应用于提升用户在未来杂货店场景中的购物体验，除了产品的质量和数量，消费者开始更加注重体验本身。

3.2.3 前期调研

在明确了注重用户体验和以创新型杂货店零售模式进行商品销售的设计方向后，项目团队开始前期调研。内部调研和外部调研一样重要，这是深入了解公司的基础。通过内部调研设计团队了解了 Esselunga 公司现有的品模型（Servuction model）（表 3-3）。该模型用于说明影响服务体验的因素，包括消费者可见和不可见的因素。它由服务景观、其他客户、联系人、服务提供商、隐形组织和系统组成。Esselunga 公司现有的品模型由后端（隐形组织和系统）、前端（各类触点）和各种类型的顾客组成。

表 3-3　现有品模型

后端	前端	顾客
组织： B2B 合作关系 订购和存储 员工 营销和推广 客服 维护	人际触点： 收银员 助理 员工 安保人员 烹饪人员	各种客户： 单身的 夫妻 家庭客户 年轻人 年长者
技术： 自动存储 送外卖	数字和物理触点： 贵宾卡 货架 宣传海报 自助结账 收银台 一扫一走 网站	

SWOT 分析

基于前期对 Esselunga 的调研，我们使用品模型定义了客户的类型，确定了客户与系统的交互模式，思考如何基于这些交互的体验来创建服务模型。Esselunga 是意大利最具创新精神的食品零售企业，但他并不在意大利扩大用户基数。Esselunga 现如今非常高效，而且很有创意，他的大多数客户是基于其推广策略而来的。如果从效率水平来考虑 Esselunga，它做得不错，但从意识水平来看其的确非常糟糕。Esselunga 虽然在物流、供应、顾客关系等方面做得很强，但对世界的变化和未来用户的期待并不是百分百的了解。通过改变一些细节和重新组织一些活动，Esselunga 应该准备好为客户提供一种新的、有意义的体验服务。

项目团队决定使用 SWOT 分析法从优势、劣势、机会和威胁四个方面分析 Esselunga 超市的状况（图 3-14）：

优势	劣势
产品、服务种类繁多 轻松访问 快速购买 忠诚参与 以家庭和社区为基础 宜人的环境	无序和混乱的体验 标准和非包容性的体验 重点放在促销上，而不是商品本身 看不见的烹饪过程 低水平的互动
机会	**威胁**
购物时间成为一个吸引人的时刻 注意发现商品的社区意识 客户交互 在寻找需购买的物品上花费的时间减少 实惠的价格、较高的商品质量和购物的便利性	快速购买，而不是发现新商品

图 3-14 SWOT 分析

- 现有的优势：易于接触各种各样的商品，并从中进行选择。产品的种类也很多，能够轻松购买，以家庭和社区为本的服务理念下，超市有宜人的购物环境。
- 现存的劣势：以购物的便利性和商品的推广为基础，容易导致无序和混乱，其对于每个人来说都是标准的和非包容性的体验。低互动水平，在超市中看不到食物烹制的过程。

- 威胁：快速购买商品的模式下，不能提供发现食谱和食材的“旅程”。
- 机会：在购买商品的过程中，在认知活动和参与活动之间建立联系。不仅仅是建立一种基于商品的促销和便利购物的导向，而是创建一种以食物为中心的包容性的店铺体验。试图激发顾客的好奇心，让他们发现新的食谱和食材的额外信息，给顾客选择商品的权利。

3.2.4 竞品分析

通常来说，杂货零售业与食品零售业是紧密相连的。民以食为天，所以去杂货店购物正成为人们生活的常态。然而，人们总是对美食和学习美食知识感兴趣，如下的竞品分析（驱动因素、食品零售创新趋势、观察零售业洞察）是与食品零售相关的商店和他们所提供服务的例子。

1. 驱动性因素

我们通过调研发现，在零售行业产生变化的三个主要驱动性因素是：意识、参与和效率。

意识：

Giallo Zafferano 是意大利排名第一的媒体厨房品牌，为烹饪爱好者提供线上服务，其可以在 Giallo Zafferano 的数字平台上查找食物烹制的配方、工艺和配料（图 3-15）。平台上分享的每一道美食的背后都有一个 30 人的团队，包括厨师、编辑、摄影师和视频制作人。所有的食谱均在 Giallo Zafferano 的厨房中被提供，并配有清晰完整的食物制作过程的文字，还附有每个步骤的照片和制作的视频。用户只需单击一下，就会找到想要的食谱：最正宗的经典美食、民族特色美食和国际菜肴。网站还提供最新的美食趋势、最原始和美味的食物搭配组合等食谱的资讯。Giallo Zafferano 还有博客区，你可以在那里与美食爱好者分享经验。在这些服务意识的支持下，Giallo Zafferano 所提供的服务更能满足烹饪爱好者的需求，这使得 Giallo Zafferano 成为意大利最权威和咨询量最大的烹饪网站。

参与：

“餐饮＋超市”模式的开创者 Eataly 是意大利大型的连锁食品市场（图 3-16）。Eataly 的目的是推广意大利饮食文化，因此该卖场提供“吃、购物、学习”三大功能，即品尝意大利美食、购买烹饪食材和学习烹饪方法。通常首选优质的本地食品，Eataly 通过试吃、试饮、举办活动、开放式食品加工间展示以及烹饪学校课程等方式，让顾客品尝意大利料理及分享其烹饪的工艺方法，加强与顾客的互动，提升顾客对品牌的喜爱程度和信赖感。

效率：

Fresh Hema（盒马鲜生）商店作为新的零售品牌，采用“实体体验店＋购物 APP”全球生鲜一站式购齐模式，希望为消费者打造社区化的一站式新零售体验中心，消费者可以通过手机下单，商品最快 30 分钟会被送达。

Amazon Go 的智能无现金杂货零售系统，颠覆了传统便利店和超市的运营模式（图 3-17），标榜“商品拿了就走”的快速消费体验，这一消费模式是计算机视觉、深度学习以及传感器融合等技术应用的结果。在 Amazon Go 购物，只需下载 Amazon Go 的 APP，消费者进入商店之后，传感器会计算消费者的有效购物行为，在消费者离开商店后，自动计算消费者的消费情况，并在亚马逊账户上收费，这种结账模式为消费者节省了排队的时间，彻底跳过了传统的结账过程。

2. 食品零售创新趋势

多渠道和按需食品零售

现代社会中消费者对即时购物的需求不断增长，他们希望快速、方便地购买物品。为了提高消费者的参与度，许多食品零售商进行了多渠道干扰：

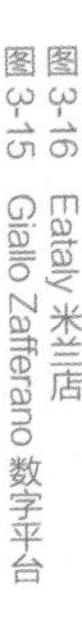

← 图 3-15 Giallo Zafferano 数字平台
图 3-16 Eataly 米兰店

← 图 3-17 AmazonGo
图 3-18 Robomart

● Robomart

随着人们对自动杂货配送服务的兴趣不断提升，Robomart 的使用者预计将持续增长（图 3-18），Robomart 是第一间带轮子的杂货店。使用者通过手机 APP 操作来选择一个 Robomart，只需点击一下即可，无须创建购物栏。被选中的 Robomart 会在几分钟内到达，滑动操作可以打开 Robomart 车门来选择需要的商品。无须扫码或者使用支付卡付费，顾客直接带走商品即可，系统会根据顾客购买的商品自动进行扣款，扣款成功后，顾客会得到收据。Robomart 彻底改变了顾客的购物方式，这种自动驾驶汽车似乎正在改变为向顾客运送商品的方式。

图→ 3-19 Gousto

图→ 3-20 Hello Fresh
图 3-21 Northfork

图→ 3-22 Wasteless 的动态定价

- **Gousto 和 Hello Fresh**

Gousto 和 Hello Fresh 公司会将定制的食品盒直接送到消费者家中（图 3-19、图 3-20）。这个盒子装满了晚餐时所需的一切食材，包括精确的配料（没有食物浪费），由可靠的供应商提供的优质产品和易于学习的烹饪配方卡。这种精准的定位消费需求的食品售卖方式很受消费者的欢迎。

- Northfork

Northfork（图 3-21）是瑞典线上杂货零售商技术提供商，他们希望通过食谱和膳食计划增加销售额。公司的经营理念是建立在与客户的密切合作之上的，通过帮助客户发现新的食谱，建立个性化的购物体验来增强用户的忠诚度。

控制

食品浪费是零售业的另一个日益严重的问题，食物浪费不仅是环境问题，也是经济问题，零售商会因浪费的农产品而损失利润。Shelf Engine 是一家智能预测公司，它使用人工智能来预测和管理高度易腐的物品的订单，减少库存不足的情况，同时防止库存过多而产生的浪费。

另一家帮助减少食物浪费并帮助零售商定价的公司是 Wasteless（无浪费），这是世界上第一个具有实时跟踪功能的机器进行操作的解决方案，其使食品杂货商可以根据商品的生产日期为顾客提供动态定价。如图 3-22 所示：标价签上标识了酸奶的两个价格，越接近过期日期的食品价格越低。

3. 观察零售业

项目团队采用了非参与式观察法去不同的商店寻找零售创新的方法，他们访问的商店都是杂货店零售领域的竞争对手，这些商店都能够改善自己的服务，为客户提供更好的体验。在竞品分析期间，团队成员在服务发生地（各种零售商店）拍摄了提供给客户的最有趣的解决方案，观察和理解商品零售过程中所有积极和消极的地方。

这些采用创新零售方式的店铺，并不局限于食品销售领域，还包括 Uniqlo（优衣库）和 Apple 旗舰店等。团队成员用照片形式记录了这些商店提供的商品销售服务的场景和相关的照片，还标识了这些商店的商品售卖特点以及优缺点等。这些商店包括：Coop（图 3-23）、Penny market、Lidl、Sigma、Eataly（图 3-24）、Carrefour express、Hema（图 3-25）、Apple store、Nespresso（图 3-26）、Uniqlo、Tigota（图 3-27）。

图 3-23 Coopk

图 3-24 Penny market、Lidl、Sigma、Eataly

← 图 3-25 Carrefour express、Hema

CARREFOUR EXPRESS

✔ 本地超市的基本功能：用户可以在一个地方买到不同的产品

★ 应季产品每天都是新鲜的（沙拉、酸奶、汤、果汁和冰沙）

✦ 特定区域可以吃寿司或喝啤酒

✦ 共同工作的自由空间

✦ 每天的快乐时光是18点—21点

#社会场所#快乐时光#美食#共同工作

HEMA

✔ 通过 App 购买的商品会送货上门

★ 商品信息，扫一扫商品码

★ 通过 App 实现数字购

✦ 送货上门的机器人

✦ 盒马卡直接与客户的信用卡相连

✦ 新品试吃

✦ 鲜活的海鲜

#数字化#信息#品尝#技术

← 图 3-26 Apple store、Nespresso

APPLE STORE

✔ 商品数量多、种类多，消费者可以比较和购买

★ 非常好的、有组织的商品博览会

★ 善良的员工，随时准备帮助任何需要产品建议的人

✦ 关于不同设备的功能和使用的免费课程

✦ 测试商品

#有序的区域#可处置的#帮助#产品测试

NESPRESSO

✔ 不同口味的咖啡和不同种类的机器

★ 使用过的胶囊的回收服务

★ 自助结账机创造更快、更轻松的购物体验

✦ 精细化定制产品测试

✦ 限量版咖啡和胶囊

✦ 提供每月订购咖啡服务

#回收利用#顾客服务#品尝#定制化

← 图 3-27 Uniqlo、Tigotà

UNIQLO

✔ 高质量的产品，合理的价格

★ 客户服务机器，允许做一些订单或寻找合适尺寸的衣服

✦ 艺术作品的描述与展示

✦ 关于服装产地和制成品的信息

关注服务可持续性

#信息#可持续性#艺术作品#客户服务

TIGOTÀ

✔ 很低或很高的架子：找你需要的东西很累

✔ 许多文字信息（包括商品和商店信息）

✔ 购物车在狭窄的过道里占很大的空间

★ 推广以旧产品回收为基础，以便利性为导向，解决客户对生态的关注问题

#空间#促销#通道#回收#循环经济

4. 洞察

提供更好体验的商店肯定有更先进的技术系统，为消费者提供不一样的服务，用于提升消费者的购物体验。技术应该以适当的方式使用，否则，从客户的角度来看，它可能会产生负面影响，其会感觉技术太强大或没有实现他们的目标。

一些小型超市，比如 Sigma，对于顾客来说其就像一个小社区，去那里消费的消费者通常住在附近，所以他们对工作人员很熟悉，购物体验就像去朋友家一样，这种温馨、亲密的氛围在大型超市是很难营造的。

项目团队观察到，中国的超市正在迅速发展和改变，商店购物往往是半数字化、半实体化的体验。比如，Fresh Hema 是我国具有开创性的新零售商品超市。这些新零售商利用数字化的力量调整商店的人流量和流向顾客的信息流，通过让人们体验产品，将更多的注意力放在产品本身而不是包装，增强实体商品的重要性。

基于前期调研和竞品分析的结果，项目团队总结出如下四点：

- 彻底改变杂货店意味着只把注意力放在食物上，避免品牌之间的竞争，不要让消费者仅仅因为包装上的图案或促销活动而选择商品。
- 购物体验也要从引导消费者购买更多产品转变为：如何做一个聪明的消费者。要提供关于商品的教育，了解商品从哪里来；关注可持续发展、垃圾处理问题和如何提升本地食品品质。
- 人际触点的存在和互动不应该被忽视，特别是当消费者需要建议时，要及时提供相应的服务。
- 其他的服务策略也可以通过数字化设备来实现，比如：提供介于实体店购物和网上购物之间的混合购买方式。

3.2.5 需求定义

1. 定义范围

通过对零售业的观察，我们能够定义研究范围。项目团队特别提出了一个问题：不同的商店如何在销售商品时更具包容性或排他性？包容性是指让消费者在购物时感到既简单又直观。排他性是指相反的情况，顾客可能对低廉的价格和丰富的选择感到高兴，但商店的布局、购物导航不清晰让消费者不得不花费更多的时间来购物。针对这一问题，项目团队从"营销策略""商店布局—产品布局""客户服务—客户参与度—认知度"三个方向进行服务布局。

以范围标准对上述零售商进行归类的话（表 3-4），Tigotà 让用户感觉自己是专家。Carrefour Express、Nespresso、Eataly、Hema 这些品牌作为与食品零售行业相近的行业，他们所提供的食物体验、快乐时光、定制化服务、数字化技术服务等，为消费者带来良好体验，都可以为食品零售商所借鉴。Coop 和 Hema 属于同一行业的竞争对手。Apple store 提供的商品测试，Nespresso 提供的品尝等服务都注重用户的参与感。Coop 和 Uniqlo 则从意识层面注重用户体验，Coop 通过使用数字和信息交互技术来提升用户体验，Uniqlo 则通过信息技术提供可持续的服务。反面的例子则是 Penny Market、Sigma 和 Lidl 的杂乱、廉价感和低效率。

表 3-4　商店的范围标准

范围标准	商店
提供相同的现有意义（例如，感觉自己是……的专家）	Tigotà
相近行业	Carrefour Express，Nespresso; Eataly，Fresh Hema
属于同一行业（竞争对手）	Coop，Hema
消极的基准	Penny Market，Sigma，Lidl

续表

范围标准	商店
参与	Apple Store， Nespresso
意识	Coop， Uniqlo

2. 拉开差距

通过对上述品牌的观察，我们可以识别出针对用户需求的不理想的解决方案，好的解决方案，让用户意想不到的、惊喜的解决方案。这种非参与式观察方法的使用在项目中是非常有效的，它让团队成员了解到哪些行动是有用的，哪些可以成为创新的灵感来源。在食品杂货行业的整体研究中收集的信息量足以让项目团队开始下一步设计行动，以便赋予 Esselunga 新的含义。此时，围绕主题的发现问题阶段结束了，可以进入对解决方案定义的设想阶段。

如果把项目团队访问过的商店放在一个经济发展图表中（图 3-28），就更容易理解项目的观察结果：Nespresso 和 Apple 旗舰店位于四个象限的最右上方，具有高感知质量和高包含性，Penny 和 Sigma 则位于四个象限的左下方，具有感知方便和独有性的特点。

通过对商品零售店的非参与式观察，团队成员经过数据分析后归纳了消费者对商品零售行业的预期行为、非预期实践和负面行为（图 3-29）。比如：预期行为包括商家提供的数字价格标签、温馨且亲密的环境、产品的定制服务等，这些用户的预期行为可以归纳为关键词："有组织的展示和舒适的环境""环保""非常高效"。要为消费者提供良好的体验，上述的消费者预期行为在商品零售店中应该作为必备服务来提供。而非预期实践的提供则能为用户带来惊喜的体验。负面的行为是要避免的，这些行为会为用户体验带来负面和消极的影响。

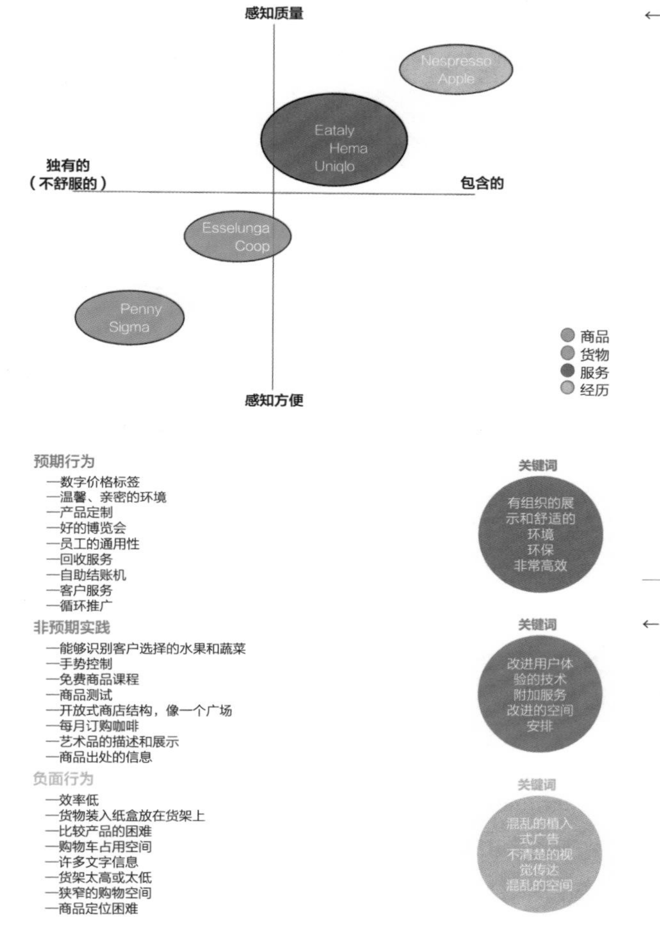

← 图 3-28 经济发展图表

← 图 3-29 用户对商品零售行业的预期的行为，非预期的实践和负面行为

3.2.6 零售创新

1. 想象的形式

在解决方案定义的设想阶段，团队的每位成员都做了个人设想表单，然后两人一组讨论每个人的模板，通过批判性的讨论，团队成员定义了想象的形式。

图 3-30 旧的意义到新的意义

从（旧的意义）	到（新的意义）
我想要 / 因为： 一种快速的、以任务为导向的体验，有时会变得混乱，让人们购买他们不想要的产品。更关注推广和便利性，而不是根据产品本身为每个人制定体验标准，因为更重要的是推销产品，而不是满足客户的需求。 **隐喻：** 吃自助餐	**我想要 / 因为：** 一种吸引人的、有意义的个性化体验，符合顾客的期望和需求，寻求从标准到包容的转变，以便在品牌和客户之间建立牢固的关系。 要对顾客购买的产品有更多的了解，从促销转向让人们因为商品本身购买产品，而不仅仅是商品吸引人的外观。 **隐喻：** 在农田公园用餐
驱动后的变化： 意识 —有意义的经历 —食物支持体验 —讲故事和反馈 —参与 —包容性 —宾至如归 —定制化体验	**示例解决方案的图像：** 

杂货店零售的购物体验，项目团队从“旧的意义”中选择了一个比喻：“吃自助餐”（Eating from a buffet）。通常自助餐店会提供给用户多种多样的菜肴，但有时体验感并不好，顾客往往要排队选择菜品，并不能事先品尝。通过对旧的意义的归纳和界定，下一步的工作就是创造新的意义。新的意义选取了另一种比喻方式：“在农田公园用餐”（Eating in an agritourism park），顾客可以在农田公园中体验用餐的过程，获得更多关于商品和流程的信息，这些信息可以帮助顾客选择他们喜欢的商品（图 3-30）。针对在农田公园用餐的模式，团队成员设想理想的杂货店食品购物的解决方案，即将应用程序（APP）和商店中的物理专用区域结合起来，为消费者提供各种可用的信息，增强消费者的购物体验。

2. 有意义的场景

为了找到新含义场景，团队成员设计了一个定位地图（图 3-31）。用两个轴来表示杂货店零售中主要的不同，包括上文中提到的两个比喻：吃自助餐和在农田公园用餐。从之前对排他性和包容性的观察出发，团队成

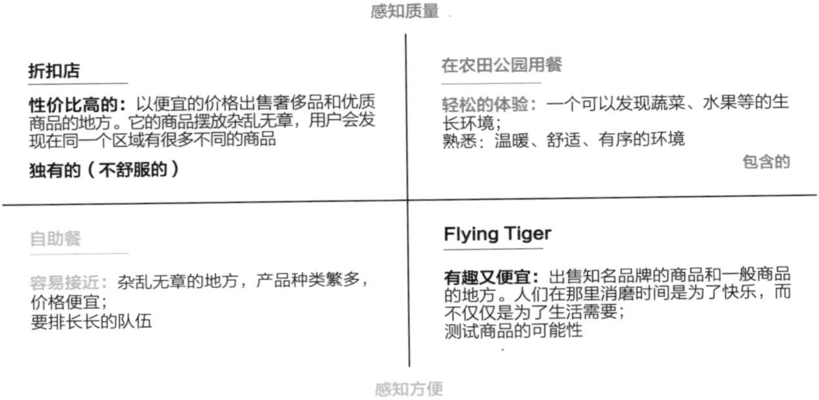

感知质量

折扣店

性价比高的：以便宜的价格出售奢侈品和优质商品的地方。它的商品摆放杂乱无章，用户会发现在同一个区域有很多不同的商品

独有的（不舒服的）

在农田公园用餐

轻松的体验：一个可以发现蔬菜、水果等的生长环境；
熟悉：温暖、舒适、有序的环境

包含的

自助餐

容易接近：杂乱无章的地方，产品种类繁多，价格便宜；
要排长长的队伍

Flying Tiger

有趣又便宜：出售知名品牌的商品和一般商品的地方。人们在那里消磨时间是为了快乐，而不仅仅是为了生活需要；
测试商品的可能性

感知方便

← 图 3-31 新含义的场景

员还发现了另一个区别：对店内商品质量和购物便利性的感知。因此增加了另外两个商店：一个是 Outlet（折扣店）——有各种各样质量商品的折扣店，还有一个著名的销售廉价商品的商店——Flying Tiger。

3. 商业创新宣言

宣言创建是设计的第一个循环的最后一步（图 3-32），在这个循环中可以给出解决方案的框架。团队成员修正了一些在未来的设计步骤中不会改变的关键点，比如：通过让消费者参与其中体验食物的定制化过程。最终提供给消费者的食品零售方式是让消费者有轻松的体验，就像在农田公园中用餐，给消费者宾至如归之感，还能够为用户提供定制化的服务。这种食品零售方式需要数字技术的支持和实体店的真实体验相结合，消费者在实体店体验的时候可以通过应用程序接收产品信息和相关提示。

研究团队决定在项目中引入 SCOPRI 的销售方式，SCOPRI 在意大利语中是“发现”的意思，SCOPRI 直接获取使用者在意大利获得的经验，SCOPRI 的用户定期“穿越”意大利，在 20 个地区吃喝玩乐，沿途“发现”意大利美食和葡萄酒，然后推出带有传统开胃菜形式的季节性菜单：意大

图→ 图 3-32 商业创新宣言

从：

容易接近

隐喻：

吃自助餐

到：

轻松的体验

隐喻：

在农田公园用餐

驱动的变化：

意识
—有意义的经历
—食物支持体验
—讲故事和反馈

参与
—包容性
—宾至如归之感
—定制化体验

范例的解决方案：

提供数字化和线下商店实物体验，从员工、专家、应用程序接收互动、反馈以及产品信息

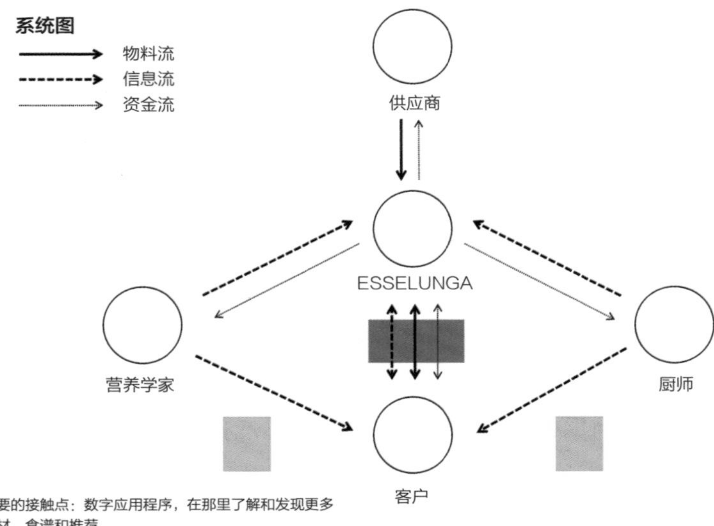

图→ 图 3-33 系统地图

利面、主菜和甜点，均使用当地产品。SCOPRI 是一种基于专家与用户的反馈和建议来销售食品杂货的新方式，这种网络经济在增加用户数量的同时，产生了新的价值。

项目团队设想的解决方案是：Esselunga 社区可以使用 SCOPRI 共享内容，团队成员让用户创建一个内容数据库，他们在其中获得信息并互动，可以直接面对营养学家和厨师，让用户变得更专业。用户可以访问一个自我创建和升级的食品百科全书，以及由营养学家和厨师等支持的新的店内教育活动。

团队成员设计了系统地图（图 3-33），从物料流、信息流和资金流来展示食品零售链条供应商、营养学家、厨师和用户之间的关系。其主要的触点是数字应用程序，用户可以通过应用程序发现有关食材、食谱和相关的推荐。用户还可以与食品专家互动，了解相关的食品知识，同时能观看厨师制作食物的过程等。

3.2.7 解决方案

1. 意义的时刻

在 Esselunga 这样的连锁杂货店中，为消费者提供食品体验是一项复杂的任务。本次设计任务专注于提高游戏的认知度和参与度，提出了以人为本和以技术为基础的解决方案来整合购物体验。项目团队选择通过一个基于线上社区的平台来表达设想的新含义，在这个平台上，用户和品牌可以相互交流，提供关于食物、食物来源和用途的信息、评论等。通过这种数字体验，再结合实体店的线下体验，消费者可以探索和了解更多关于营养、食品和烹饪的知识。

团队决定从人际触点和数字触点两个层面着手进行服务创新：提供与营养和烹饪领域专家一对一接触的机会，用户可以通过 APP 预约与专家见面，这一服务由 Esselunga 与外部机构合作完成，免费为用户提供。

人际触点

- 与专家交谈

消费者进入商店后前往专门的柜台，在那里他们会得到专家关于商品的推荐，他们会帮助消费者寻找特定的健康饮食模式，以及推荐饮食的合理搭配方式。

● 人际接触点的作用

营养学家：他们可以为不同的消费者制订特定的饮食方案，提供饮食方式的建议或给出一些预先设定的产品清单，帮助消费者保持健康的饮食方式。

厨师：他们在 Esselunga 的面包房和美食区工作，他们意识到正在被外面的人观看，其将以一种更正式的方式进行日常工作。厨师可以提供食谱，最好的食材、食物和饮料搭配的建议。

数字触点

● 数字触点的作用

预约服务：可在指定日期通过 APP 预约与专家见面的时间。

扫描标签：允许用户打开与产品质量等相关的应用程序的一部分，内容更新由 Esselunga 提供给购买该服务的消费者。

食谱顾问：消费者可以在 APP 的社区部分阅读食谱和观看视频。他们也可以阅读、评论或上传新的内容以获得 Esselunga 卡的积分奖励。

提供更开放的学习食物制作的方式：通过改变 Esselunga 员工每天工作的可见性线使之成为可能。比如，现场展示在面包房一角烹饪食物的过程，通过这种方式向客户传达 Esselunga 销售的商品的新鲜度和可靠性，增强消费者对品牌的信任感觉。

● 扫描和学习

通过扫描产品的标签，消费者可以打开 APP 阅读该产品的所有配方，还包括其他顾客对产品质量的评价和反馈，也可以观看烹饪过程的视频，还可以阅读更多关于产品来源和生产的信息。

2. 人物角色

在设计产出阶段，项目团队通过讲故事的方式来验证 SCOPRI 应用程

用户画像

Maria
女
29 岁
意大利米兰
店员

“我认为我的健康很重要，所以我总是尽量注意饮食。”

Maria 是一个非常关心自己健康的年轻女子。

她注意饮食。由于道德问题，她从 1 年前开始成为素食主义者，但有时她担心自己的营养问题。她总是在 Esselunga 购买商品，因为这家杂货店离她的家很近，而且她喜欢那里提供的各种商品。

目标和愿望

—找到一种方法来遵循健康的饮食，而不是放弃自己喜欢的东西。

—能够将纯素生活方式与营养饮食相结合。

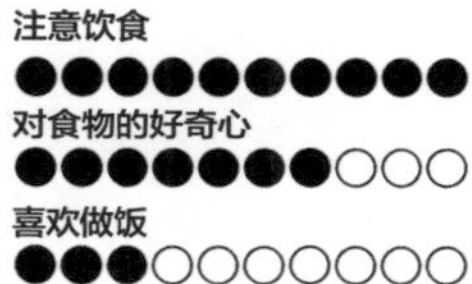

← 图 3-34 人物角色

序是如何使用的。首先，数字触点设计为 SCOPRI 应用程序，在用讲故事的工具进行验证之前，先进行用户画像：以玛丽亚（Maria）为代表的人物角色。图 3-34 描述了玛丽亚的自然属性和社会属性以及她的目标和愿望。

3. 讲故事

针对玛丽亚这一人物角色，项目团队采用了讲故事的方式来验证 SCOPRI 应用程序设计的可行性：

三周前玛丽亚在去健身房的时候，偶然看到了 Esselunga 的广告牌，上面有一款名为“SCOPRI”的 APP。玛丽亚经常去 Esselunga 商店购物，因为那家商店就在她的公寓旁边。玛丽亚还咨询了邻居茱莉亚，茱莉亚告诉她，这是一个商品咨询 APP。玛丽亚决定尝试下载这个应用程序，看看它能提供什么服务，她希望找到关于成为素食主义者的同时，保持运动的建议。

玛丽亚购买了 SCOPRI 的服务后，立即了解“与专家谈话”功能如何应用，她很高兴地发现有很多营养学家和厨师可以预约面谈。她点击日历，看看谁在 12 月有空，玛丽亚 12 月有假期，那会儿她有更多的空闲时间。玛丽亚发现 12 月 20 日有一位素食营养专家可以预约，她立即预约并且在谷歌日历记录日期，完成预约后关闭了应用程序。一个星期后，玛丽亚前往 Esselunga 商店，她在商店为其提供的一个舒适的空间内与专家 Dott 面对面交谈，Dott 倾听了她关于缺铁导致的健康问题的担忧，并给了她一些有用的建议，告诉她如何将铁融入纯素饮食中。

离开的时候，玛利亚很高兴自己花了一些时间去免费了解关于素食的知识。在回家的路上，玛丽亚认为她可能再次使用 SCOPRI 应用程序，也许会和厨师讨论如何用基本的食材制作素食餐。

4. 玛丽亚的用户体验

团队成员设想的意义很容易满足 Esselunga 客户的常规客户旅程。用户旅程图针对使用智能手机和数码软件的人群，特别是那些关注饮食，注重食物来源，或者是热衷于烹饪和渴望发现新的意义的人群。团队成员把这两个典型的群体具体化为人物角色：玛丽亚和米歇尔（此处仅以玛丽亚的用户旅程图为例）。上一节采用讲故事的方式讲述了玛丽亚的故事，然后通过用户旅程图来评估玛丽亚的情绪（图 3-35），描述玛丽亚来店内参观前、参观期间和参观之后的体验。

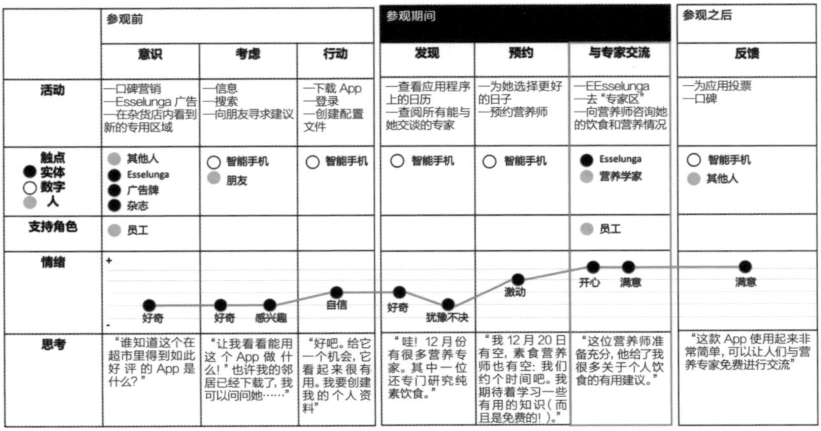

图 3-35 用户旅程图

	参观前			参观期间			参观之后
	意识	考虑	行动	发现	预约	与专家交流	反馈
活动	—口碑营销 —Esselunga 广告 —在杂货店内看到新的专用区域	—信息 —搜索 —向朋友寻求建议	—下载 App —登录 —创建配置文件	—查看应用程序上的日历 —查阅所有能与她交谈的专家	—为她选择更好的日子 —预约营养师	—EEsselunga —去“专家区” —向营养师咨询她的饮食和营养情况	—为应用投票 —口碑
触点 ● 实体 ○ 数字 ● 人	● 其他人 ● Esselunga ● 广告牌 ● 杂志	○ 智能手机 ● 朋友	○ 智能手机	○ 智能手机	○ 智能手机	● Esselunga ● 营养学家	○ 智能手机 ● 其他人
支持角色	● 员工					● 员工	
情绪（+/-）	好奇	好奇　感兴趣	自信	好奇　犹豫不决	激动	开心　满意	满意
思考	“谁知道这个在超市里得到如此好评的 App 是什么？”	“让我看看能用这个 App 做什么！”也许我的邻居已经下载了，我可以问问她……”	“好吧。给它一个机会，它看起来很有用。我要创建我的个人资料”	“哇！12 月份有很多营养专家。其中一位还专门研究纯素饮食。”	“我 12 月 20 日有空，素食营养师也有空：我们约个时间吧。我期待着学习一些有用的知识（而且是免费的！）。”	“这位营养师准备充分，他给了我很多关于个人饮食的有用建议。”	“这款 App 使用起来非常简单，可以让人们与营养专家免费进行交流”

← 图 3-36 商业模式画布

5. 商业模式画布

项目团队设想的商业模式以客户关系的增强为中心，图 3-36 的商业模式画布从九个方面展示了 Esselunga 的商业模式。

事实上，商业模式画布的价值主张是基于我们设计的客户参与的新形式。其可以用三种方式来描述这些行为：学习、分享（一种有助于提升 Esselunga 声誉的宣传形式）和获得奖励（一种感谢人们合作的方式）。这种模式是围绕帮助 Esselunga 传播营养和烹饪知识的关键合作伙伴展开的，比如：当地的健康机构和烹饪学校。这些免费服务的收入来自第三方：品牌方，品牌方可以缴纳一定的费用，让他们的内容或广告出现在 Esselunga 的应用程序 SCOPRI 上。通过用户生成的数据也将出售给公司去研究饮食习惯和其他相关行为。

6. 新的服务模型

重新定义后的消费者是数字化的客户，他们通常关心营养、饮食或烹饪，通过“How，What，Why”方式为这部分人群创设新的服务模型（图 3-37）：

How

- 与专家进行人际互动，以获得有关营养和烹饪的具体建议。

图 3-37 新的服务模型

后端	前端	消费者
	人际接触点： —专家 —烹饪人员	—数字化客户 —注重饮食营养的人
组织 技术	数字和物理接触点： —数字标记 —应用程序 —店内专用区域 —可见的烹饪区域	

图 3-38 APP 模型

- 通过扫描产品标签进行数字交互，在 APP 中上传和观看食谱和相关视频。
- 从 APP 上预约专家。
- 美食可见烹饪区。

What

- 查看其他用户上传的食谱，了解更多关于食物来源以及如何烹饪食物的信息。
- 接受意见和建议。
- 查看 Esselunga 员工准备食物的过程。

Why

- 一种轻松的食品体验，专注于学习和发现有关如何使用产品及其来源的更多信息。

应用程序模型

SCOPRI 系统是半数字和半模拟的模型（图 3-38），主要触点是使用 APP 在商店扫描标签。为了使用这个应用程序，你必须在手机上下载它，然后创建个人资料，再访问主页。在店内购买商品时，可以扫描商品的标签，获得更多的商品信息，不仅包括与食品相关的内容，还包括其他客户的反馈和专家的建议，用户还可以上传评论或烹饪视频等内容，同时可以获得奖励。此外，可以通过预约与专家面谈来提高烹饪水平。

新的空间布局

实体商店的新布局会有新的触点，设计团队决定保持原来的布局作为一个开放空间，所以只是引入扫描标签和专门用于与专家谈话的区域和可见厨房（图 3-39）。这种现实体验将贯穿于整个货架区域的通道，让购物行为变得更加方便和智能。

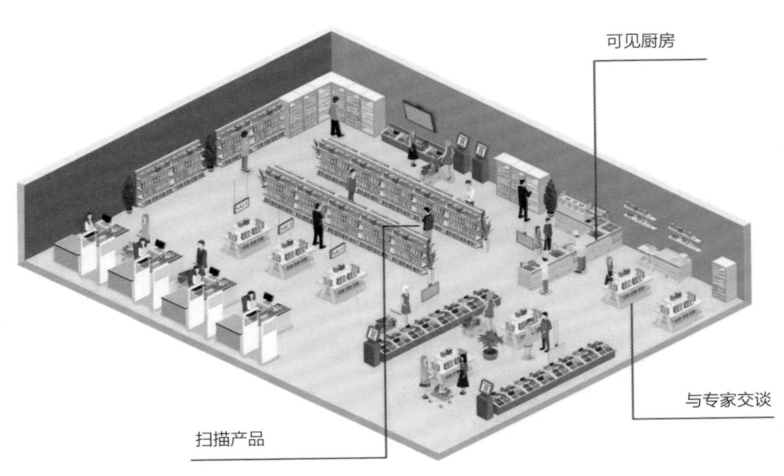

← 图 3-39 新的空间布局

3.3 协同设计[1]

[1] 研究者：聂荣；指导：于清华

本案例采用协同设计方法并与利益相关者合作，探索如何通过服务设计为常河镇留守女童提供生理期知识引导服务。

3.3.1 研究背景

留守女童是中国经济不断发展过程中被迫形成的一个特殊群体，近些年随着人们对这一群体的关注度越来越高，她们在成长中遇到的各类问题也逐渐暴露。由于观念、经济等因素的影响，一些地区对女性生理期教育的认知相对欠缺，这导致部分适龄女童在初次面对生理期问题时容易产生较多负面情绪。本研究的目的是寻找正确、有效的引导措施，为留守女童的生理期教育助力。

本研究采用案例分析的方法，选择甘肃省通渭县常河镇留守女童、有留守经历的成年女性、留守女童母亲、留守女童所在学校教师，进行协同设计创新，探索留守女童的痛点和需求，针对这些需求做出正确的设计解决方案。留守女童持续参与到设计过程中，为产品的形式、内容提出建议和设计方向。设计出的样本也由留守女童进行测评，然后根据她们提出的建议进行迭代，从而形成最终的设计解决方案。

3.3.2 深度访谈

根据研究需要，先后对留守女童的生理期教育现状进行两轮调研和深度访谈。第一次调研过程中访谈了 35 人，其中 8 人是正处于青春期的留守女童，27 人为青春期期间有留守经历的成年女性，访谈对象的年龄在

← 图 3-40 常家河学校

10~45 岁。第二次调研和访谈对象为甘肃省通渭县常家河学校（图 3-40）的相关人员，包括学校留守女童 6 人，留守女童母亲 4 人，留守女童临时监护人 2 人，学校教师 2 人。[1]

[1] 该学校分为初中和小学两个教学部。学生主要来自周边几个村子，绝大部分女童的情况为父母同时外出务工，她们在校内寄宿或由亲属在附近租房照顾。学校内的教学设施和住宿设施相对完善，但校内医务室的条件比较简陋，卫生间等公共卫生设施老旧。

两轮访谈之后我们深度了解了留守女童生理期教育的痛点和需求。访谈结束后根据被访者自身的经历，我们将访谈数据分为提前接受过生理期教育的群体和没有接受过生理期教育的群体两类，之后，我们对这两类数据进行系统分析，探索创新性的设计解决策略。

3.3.3 数据分析

第一轮访谈数据整理完毕后采用主题分析（Thematic analysis）方法进

行数据分析。主题分析是一种通过分析得出数据中主题的定性研究方法，其采用五步法去探索、发现、揭示问题。本研究中，通过对分类后的两部分访谈数据进行五步法分析后，最终生成两个主题：获得正确引导的群体和没有获得正确引导的群体。获得正确引导的群体在初潮时能以正确的方式处理并从容应对，她们通过学校、家庭的共同教育，获得了内容全面的生理期教育引导（图 3-41）。

相反，另一类人群因为没有获得生理期的教育引导，不具备这种应对能力，初潮时的负面情绪较多，这些是认知偏差、了解途径缺乏导致的，这也对他们日后的生活和思想观念产生了消极影响（图 3-42）。

在第一轮访谈数据整理结束后，我们确定了家庭、学校、社会是留守女童生理期教育最有力的推动者。其中的人群也将成为下一轮调研的重点访谈对象，进而探索如何从这三个方向进行改善。

通过第二轮对留守女童的访谈得出，留守女童生理期教育的引导对象主要集中在学校老师和母亲等女性群体中。因此，我们得出了关于留守女童生理期引导的三个关键方向：引导方式、引导时间、引导对象。

在对访谈数据进行整理后我们发现，无论是家庭还是学校都对留守女童的生理期教育不够重视。因为要找出适合的方式来帮助留守女童，本研究采用了 HMW 分析法（图 3-43），通过“我们可以怎样？”的方式来提问，可以对留守女童生理期教育中存在的问题进行发散性思考和分析。

HMW 分析法包含五个方面的信息：否定、积极、转移、脑洞大开和分解。通过“我们能做什么”的提问方式，找出相适应的可行性方案：

在这五个方向的引导下，我们对家庭、学校对留守女童生理期教育方式提出质疑和假设，并以此针对每个问题尽可能地列出解决方案。此时并不用考虑所列出的解决方案是否可行，其目的只是打开思路，探索设计环节的更多可能性。

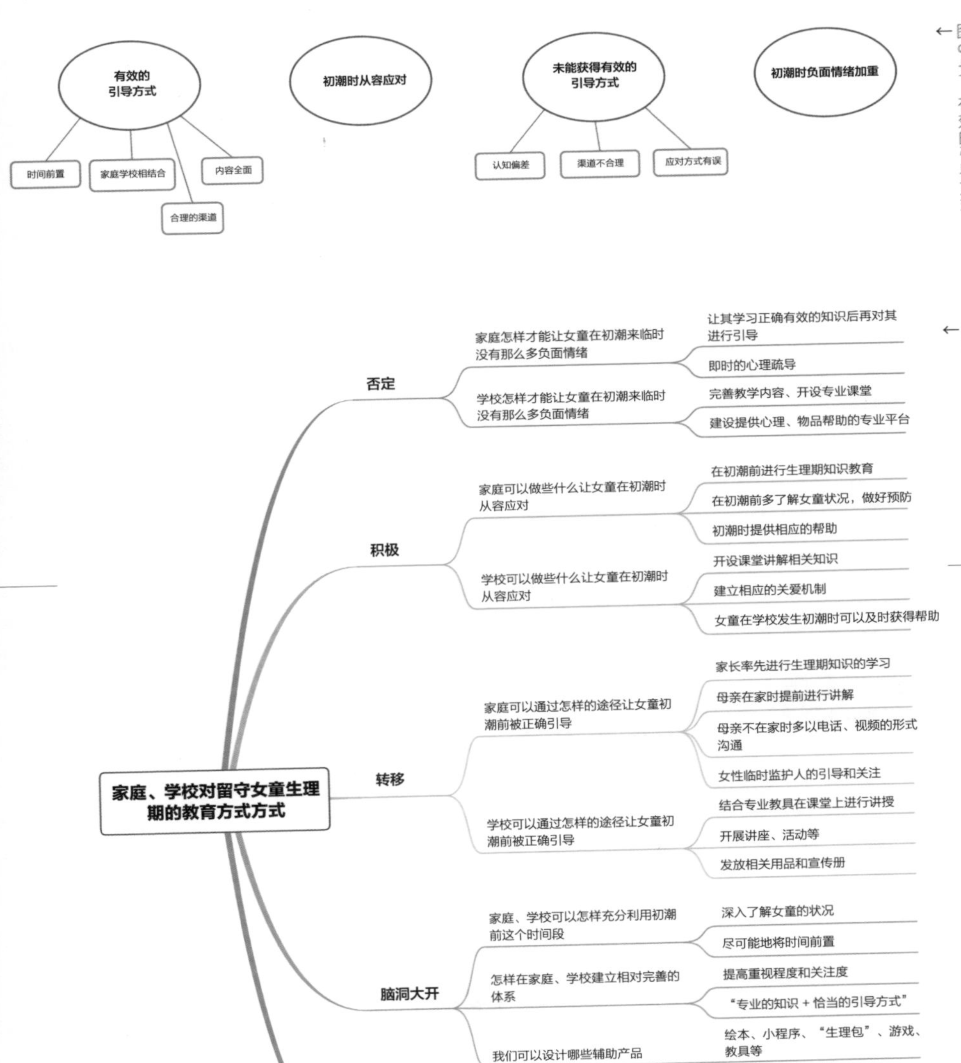

↑ 图 3-41 有效的引导方式

图 3-42 未能获得有效的引导方式

↑ 图 3-43 HMW 分析

3.3.4 协同创新

基于对以上收集的数据进行分析而得出的结论，我们探索如何从引导时间、引导方式、引导内容三个方向进行设计构想，具体内容如下：

- 引导时间包含初潮前、中、后三个时间段，在每个时间段采取不同的方式对留守女童进行生理期教育引导（图 3-44）。
- 引导方式为由家庭、学校和社会共同助力留守女童的生理期教育，每个群体可以采用不同的方式对留守女童进行教育引导（图 3-45）。
- 引导内容涵盖行为引导和心理引导两个方面，引导留守女童正确应对生理期问题，同时注重留守女童的心理辅导。

图 3-44 引导时间 →

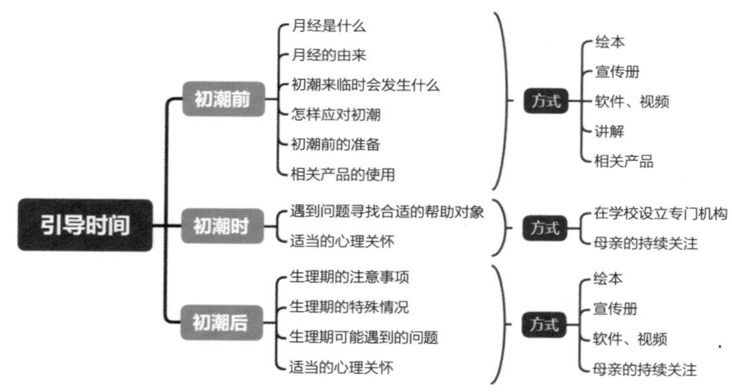

图 3-45 引导方式 ↓

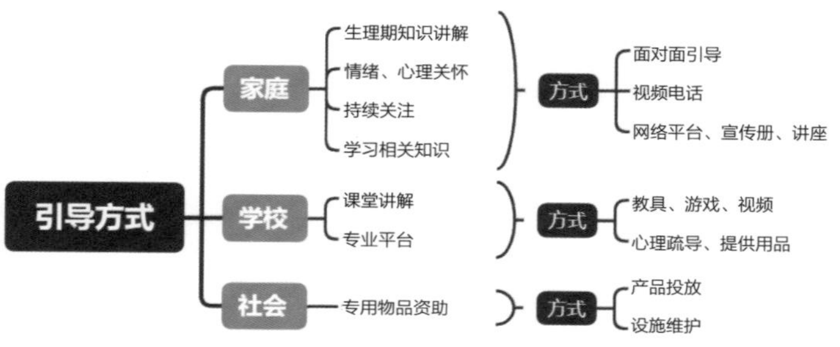

3.3.5 设计评价

本次设计产出包括《生理期知识小课堂》科普绘本（以下简称《小课堂》）、生理期监测智能手环、生理包和“小宠”小程序，这些物理触点和数字触点的设计都是经过设计评价后进行迭代的，下节将呈现最终设计产出。

结合以上的调研数据和研究结果，选出相关人员从内容和形式、功能和外观等方面对初步设计的产品进行评价。此次选出的测评人员共六名，包括四名常河镇留守女童和两名具有设计专业背景的成年女性。

以《小课堂》的评价结果为例：其评价结果显示多数评价者认为《小课堂》的文字信息过多，过多专业的名词不适合这一阶段的女生阅读。其整体呈现形式太过单调，图片信息缺乏，相关人物形象不够丰富。基于此评价结果，后期的设计将对文字信息进行删减，必要的部分会通过图文结合的方式描述，并优化人物形象及页面色彩。

3.3.6 设计产出

物理触点

依据评价结果分析问题并进行产品迭代，让用户亲身参与每一个设计过程，力求最大限度地满足用户需求，最终设计的产出如下：

《生理期知识小课堂》科普绘本

针对农村留守女童生理期知识相对匮乏的问题，《小课堂》通过图文结合的方式让女童直观地了解生理期的相关理论知识。《小课堂》可以在学校日常教学中被使用，或者为公益讲座内容提供支撑，也可由女童单独阅读（图 3-46—图 3-52）。

生理期监测智能手环

智能手环的主要功能是进行生理期监测和提示（图 3-53、图 3-54），手环主要通过监测用户雌性激素的增长状况来推测生理期开始的时间，并在生理期开始后通过心率、血压等数据的监测判断女童身体是否出现问题，然后在第一时间给出提示。智能手环还可与“小宠”小程序结合使用，形成个人经期状况数据。

→图3-46 绘本封面

→图3-47 绘本图文1

2、初潮来临前的准备

→图3-48 绘本图文2

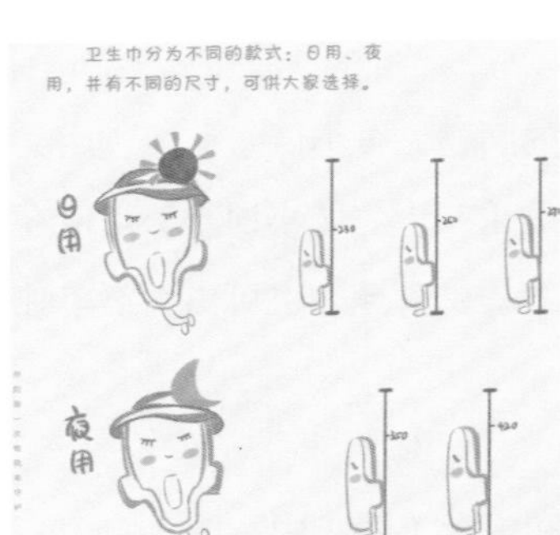

↓图3-49 绘本图文3

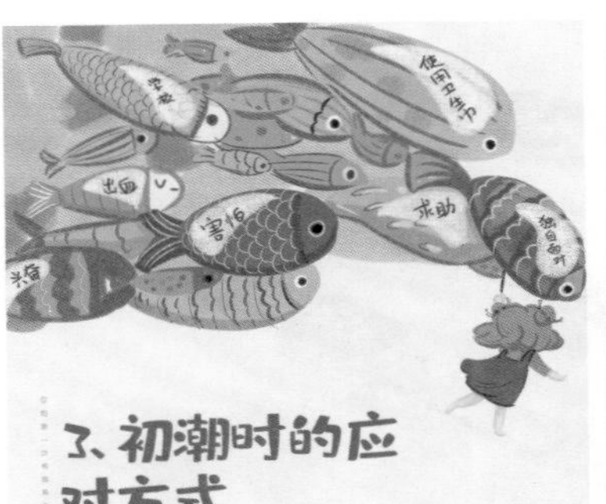

←图 3-50 绘本内容 4

←图 3-51 绘本内容 5

←图 3-52 绘本内容 6

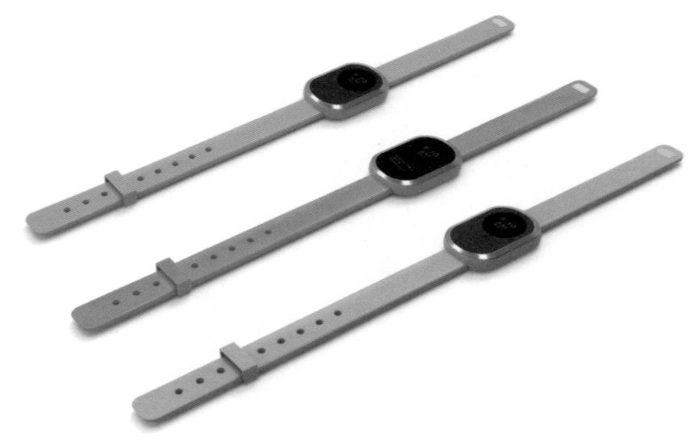

→图 3-53 生理期监测智能手环

→图 3-54 手环模型和“小宠”小程序

生理包（图 3-55）

暖心“生理包”由四个部分组成：卫生巾套装组合（日用卫生巾套装、夜用卫生巾套装、迷你卫生巾套装）、生理内裤、内衣专用皂、健康科普卡片。

数字触点

数字触点包括以下内容。

“小宠”小程序

小程序相比 APP 体量更小（图 3-56、图 3-57），操作简单易上手，更能将关键的信息快速呈现到用户面前。内容包含两个板块：

图 3-55 生理包

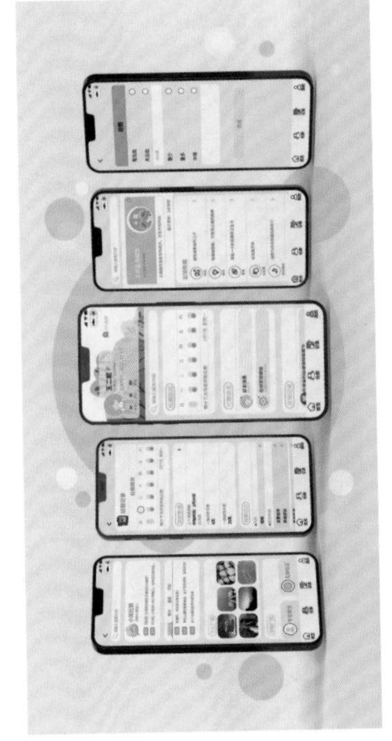
图 3-56 小程序界面 1

图 3-57 小程序界面 2

- 第一个板块为留守女童账号界面，主要包含经期记录、社群信息、智能手环监测信息。
- 第二个板块为留守女童母亲或亲属账号页面，其可以通过账号关联并了解孩子的身体状况。

3.4 共情用户

本案例讲述 Mobisol 公司前往坦桑尼亚农村进行实地调研，是如何通过设计思维与用户共情，针对当地居民的用电需求提出策略性的解决方案的。

3.4.1 项目背景

Mobisol 是非洲领先的离网、现收现付（PAYGo）太阳能和微型电网解决方案的提供商，他们为非洲大陆较偏远的家庭提供服务。这一案例是研究 Mobisol 公司是如何利用设计思维去共情用户，洞察用户需求，从而正确定义问题，并寻找解决问题的正确方法，为非洲农村提供供电服务的。

目前，Mobisol 被 ENGIE 公司收购，ENGIE 收购 Mobisol 公司后成为非洲离网太阳能市场的领导者。Mobisol 在坦桑尼亚、卢旺达和肯尼亚开展业务（图 3-58），安装了超过 150,000 个太阳能家用系统，为撒哈拉以南的非洲地区的超过 750,000 人提供清洁可靠的能源。生活在现代社会的

↑图 3-58 Mobisol 在卢旺达的电气化客户之家

人们，可能很难认识到没有电的生活是什么样的，然而世界上仍有超过 15 亿人的生活中没有电网，他们在日常生活中使用煤油灯，如果要给手机充电，那么就需要步行到几英里外，或者需要使用柴油发电机组发电来进行商业贸易等，这样的生活、生产方式目前在非洲农村还普遍存在。

3.4.2 共情用户

Mobisol 公司通过提供足够大的太阳能电池板，为撒哈拉以南地区的非洲提供持续不断的电能，并采取了创新型的“自租自付”模式来增强用户的忠诚度。Mobisol 公司的成功在于通过共情去了解用户的真实需求，从而正确地定义了问题，采用创造性的解决方案，为非洲偏远农村提供太阳能供电服务。

随着太阳能电池板生产成本的下降和撒哈拉以南的非洲地区的移动太阳能板使用率的上升，公司的创始人在开展业务的初期，就飞往坦桑尼亚农村进行实地考察，以与当地村民进行共情。他们通过观察村民的日常生

图 3-59 看电视的需求

活去了解村民日常生活的状态及需求；还通过谈话的方式去了解移动太阳能电池板的潜在用途，以及当地人对电力的需求。通过用户共情和调研，他们发现坦桑尼亚农村需要的不仅是灯，还需要电台（信息）、电视（状态）和手机充电（通信）（图 3-59）。

3.4.3 定义问题

2011 年 6 月调研结束回到德国后，Mobisol 团队决定从四个方向着手进行设计开发（图 3-60）：

- 通过对用户进行观察，发现坦桑尼亚的居民真正需要的是使用电视机、收音机，日常照明的用电需求是基本需求，因此，太阳能的电池板要足够大，才能为电视等大型家电供电。
- 居民们没有资金储蓄，那里的基础设施建设也相对落后，居民的习惯是赚到钱就花掉，因此，每月支付费用的问题就成为关键问题。
- 物品被很好地保管，私人物品比出租的产品被保护得更好，为了提供

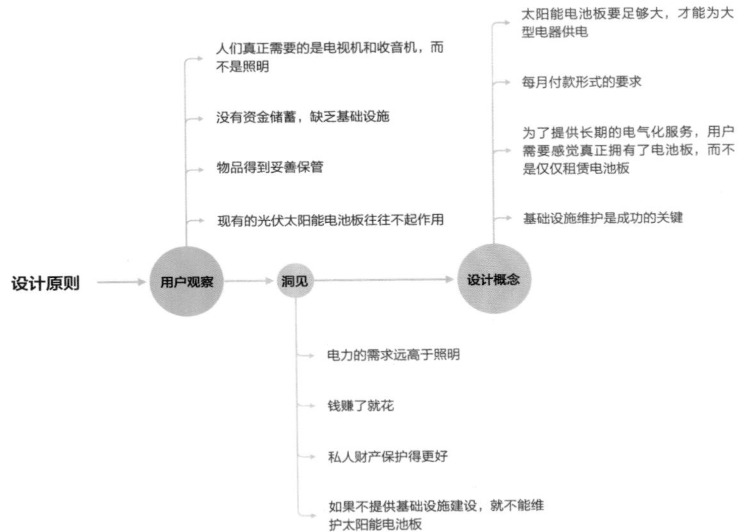

← 图 3-60 设计原则

长期的电气化服务，其需要提供一种具有归属感的租赁供电服务，让用户能够长期租赁和使用太阳能电池板，这样做也会使得电池板得到更好的维护。

- 现有的光伏太阳能电池板往往不起作用，如果公司不提供基础设施建设服务，就不能对太阳能电池板进行维护，因此，基础设施建设是业务成功的关键。

3.4.4 商业挑战

在确定如上的用户需求和研究问题之后，Mobisol 公司采取了创新性的解决方案。其需要建立一个足够大的系统，除了提供照明和手机充电服务，还能为电视和收音机供电，但是能够提供这种供电服务的系统成本要 500 欧元，Mobisol 公司不顾竞争对手的嘲笑，引入“以租代购”模式，给用户三年的租赁期，每月 15 欧元的使用费，客户需支付 36 个月的费用，这种拥有所有权的感觉让用户更加珍惜产品。支付方式是使用非洲的移动互联网支付体系 MPESA。

在具体的商业运作中，其也遇到了很多问题，在基础设施的安装维护和最后一英里的配送都存在实际困难。Mobisol 公司经过实地调研来共情用户，提出了创新的解决方案：

基础设施的安装和维护

在基础设施的安装与维护上，Mobisol 公司遇到了商业挑战。太阳能电池板需要安装在房子顶部，他们采用了一种易于使用的“即插即用”系统，团队再次前往坦桑尼亚将这种系统交给用户之后，看着他们安装，根据用户测试对产品进行了迭代，并开发了简单易懂的安装手册。然而，其观察发现，用户更愿意花钱请人来安装设备。实际上，安装系统超级简单，只是用户不想自己做，因为出了问题他们不想负责。因此，Mobisol 公司产生了在村里挑选、培训具有维修技能的人员的想法，被选中的人经过两周的培训后被授予由 Mobisol 公司认证的自由职业面板安装师资格，他们通过安装太阳能电池板可以从中获得费用（图 3-61）。

最后一英里配送

在实际的业务中，Mobisol 公司在实地调查和测试期间还发现产品存在“最后一英里”的运输问题。农村地区基础设施混乱，没有快递业务，没有地图，也没有街道名称和编号，而且道路很窄，只能让一辆摩托车通过，甚至只能乘船到达（图 3-62、图 3-63）。

Mobisol 公司通过用户观察和访谈去了解有多少地方存在“最后一英里”的运输问题，毕竟有一些地方已经实现了最后产品的交付使用。最后，公司提出了无人机运输的试点方案，公司的愿景是成为撒哈拉以南的非洲偏远地区的“亚马逊”或者“阿里巴巴”。无人机空中送货已经成为可能，唯一的局限性是无人机的飞行距离短，无人机的送货方案不知能否成为 Mobisol 商业体系运营的可行计划，值得肯定的是，如果没有深入的用户共情，持续的调研和服务迭代，也就不可能发现这样的商机。

← 图 3-61　安装太阳能电池板

图 3-62　太阳能电池板的路陆路运输

← 图 3-63　太阳能电池板的水路运输

3.5　故事商店

服务设计（城市社区领域）案例概述

作者自述：城市更新运营服务商——CREATER 创邑以“用心共筑美好”的理念，优化建筑形态、创新商业业态、聚集社区生态，从而提升物

图 3-64 故事商店图标

业资产价值及影响力。“故事商店”（图3-64）是创邑 SPACE 发起的愚园路城市社区营造项目中社区文化挖掘与激活板块的创新性成果。以文化要素“故事”为着力点，联合当地政府、街道、社区居民、街区商户、在地文化组织与团体以及创新团队；以服务设计共创思维为行动指导，打造出社区文化“综合入口”；以社区营造缔结多元人群，探索出城市社区文化挖掘、创新与激活的新路径，助力城市更新在地运营服务商从入驻者、主导者到共建者的转型发展。

故事商店团队成员

设计团队：林大海、张子川、杨磊、左秋。 创邑团队：Ann，黄志伟、青空、朵拉、洁儿、于鑫、晓宁、大白、宁莉、郑雄、孙豆、汶峻、云青、吴迪等。

在地伙伴：愚园路商户、在地社区居民、一日店主们以及关注故事商店的伙伴们。

设计师介绍：张子川，“SERVICE+ 服务咨询”创始人，多家设计、创新、商业咨询公司服务设计顾问，作品连续多年获得中国服务设计十大优质案例，专注于多领域服务（高端医疗、汽车出行、文化旅游、零售娱乐等）创新、设计、落地与运营，服务设计“领域化”创新实践者

3.5.1 项目背景

街区是城市的组成部分，如果把城市比作人体的话，街区就是组成人体的肌肉和骨骼，让街区成为城市生活的重要载体，让街区产生凝聚力和吸引人的特质，这个过程好比给机体赋能。愚园路作为上海具有“场所精

← 图 3-65 故事商店

神”的魅力街区，愚园公共市集、百货公司、故事商店……无疑，它的一系列做法是成功的。愚园路经过前后五年时间的改建，赋予了整个街区全新的业态，城市街区在新旧交替中得以延续和共生。

愚园路 1112 号，这里原来是个岗亭，后来变成水饺店、艺术空间，如今，它的身份是：故事商店（图 3-65）。故事商店于 2021 年 8 月 15 日正式“营业”，这是一个面向居民的空间。故事商店里的老物件是从老厂房淘来的老式桌椅板凳，居民送的老式收音机、旧书等带有故事性的物件。商店招募了一些“一日店主”，试图通过“一日店主”的模式，提供与有故事的、有趣的人进行深入交谈的空间。故事商店是集展览、问询和文旅服务为一体的小空间。

3.5.2 项目流程

故事商店项目是由服务设计师参与的、多元角色组成的设计团队共同完成的，运用服务设计思维、共创方法，充分考虑项目核心利益相关方的

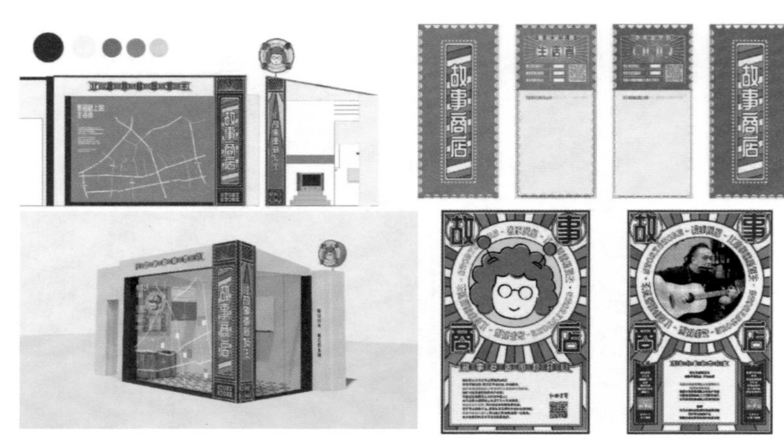

图 3-66 故事商店品牌视觉搭建

诉求，创新地完成了项目构建。从参与式社区文化洞察，各利益相关方主题机制共创，社区居民、商户、外部支持者的联合运营，到落地成果的共同打造，探索出了社区文化挖掘激活的新模式。

在项目的前期，团队尝试找到最能被大众理解与让大众产生共鸣的文化要素，通过前期研究与在地文化走访和分析之后，团队将这个文化要素聚焦到：故事，它是人对自身历史的一种记忆行为，通过多种故事形式，人们可以记忆和传播日常生活的过程及其中的意义和价值。而我们生活的街区，也会因为这些故事的沉淀逐渐形成这个地方的底蕴。设计团队希望可以借此让生活和工作在愚园路上的人们都有一个入口，借故事来连接彼此。

进入洞察研究阶段后，设计团队除了采用桌面研究、社区文化扫描、核心利益相关方访谈等研究方法，在服务设计师的引导下，提出“共创式研究模式”，将协同创新思维与社区文化研究相结合，打造街区探索服务包，与周围社区组织、设计院校以及上海本土街区旅游组织合作，让更多的人通过共创的方式参与到社区文化挖掘与研究行动中。到目前为止，街区探索服务包已经在实践中经过多次迭代与优化，持续不断地为团队输出更多的文化研究成果。

在定义设计阶段，团队与街道政府、商业合作方、在地商户、社区居民等项目利益相关采用协同创新的方式，通过不同形式与主题的工作坊挖掘各方诉求。项目的利益相关方帮助设计团队共创了故事商店板块、玩法、机制以及运营模式。为了更好地定义问题，在定义设计阶段他们总共创办了十几场不同形式和主题的协同创新工作坊，在多方的共同努力下，确定了故事商店的核心板块、品牌视觉（图 3-66）、运营模式以及前期第一批“一日店主”。

3.5.3 落地运营

故事商店落地后，为了验证前期的构想和不断优化迭代用户体验，前期阶段由设计团队运营。在运营过程中，通过与顾客互动，针对需求优化和增加店内的服务触点，改善了服务体验流程和一日店主参与体验以及中后台运营支持模式。在项目后期，还针对媒体方提供了更加优质的采访体验。

在设计团队的不断迭代和优化下，中后期的故事商店已经基本能够脱离设计团队的运营，在一日店主的支持下独立运作（图 3-67、图 3-68）。一日店主拥有确定故事商店每日运营时间、互动方式与内容的权限，店主可以根据自身背景和兴趣来打造属于自己的故事商店。其曾经举办过的活动主题有：“快闪咖啡店”“音乐创作室”“礼物交换屋”等，这些采用创新运营机制的故事商店主题，让故事商店快速成为网红打卡点，也有越来越多的媒体和政府组织开始关注故事商店的项目。

故事商店运营两个月后，发展了 70 多位一日店主，收集了 2000 多个

图 3-67　故事商店的一日店主

图 3-68　一日店主

图 3-69　愚园路社区文化立体书

在地社区故事。为了将收集到的故事进行整理和再创造，项目团队发起了故事攻读计划，邀请 40 多位参与者共同讨论收集的故事，最终输出了 7 本愚园路社区文化立体书（图 3-69）。故事书的主题分别为：“少年”“邻里生活”“来上海奋斗”“记忆中的地点”“高手在身边”“相识与告别”以及“愚园路图像”。

3.5.4 创新应用

1. 协同创新思维在各阶段的融合创新

协同创新的方法贯穿在愚园路社区文化挖掘与激活板块项目的每个环节（图 3-70），团队成员根据每个环节的内容确定协同创新工作坊的主题和形式。在前期的协同创新文化触点的探索行动中，我们联合客户、街道工作人员以及社区居民等利益相关方，通过多场协同创新工作坊挖掘用户需求，丰富故事商店和板块的概念。在落地施工阶段，社区居民和街区商户将闲置和有特色的物品捐赠给故事商店。还有来自各行业的 70 多位故事商店的一日店主，以及故事商店的关注者，他们共同将收集到的故事进行梳理再加工，最终获得了一系列的成果：立体故事书、社区故事商店策展、文创产品、共同账户、愚园路主题曲、故事商店系列插画等。故事商

← 图 3-70　协同创新工作坊

图 3-71 社区文化的接入点

图 3-72 可持续的在地文化输出

店的产出成果，是关注社区文化的相关方共同努力的结果。

2. 运营模式与文化入口的系统性设计

故事商店的设计项目在运作过程中最大的难题是如何落地运营，我们最终采取了协同创新的方式与在地相关方共同运营的模式。为了保证顾客和一日店主良好的参与体验，设计团队通过中后台配合设计了服务体验流程，确保故事商店的顺利运营。为了不断探索城市社区文化，团队还对周围社区和街区文化触点进行挖掘，将其嵌入故事商店，将故事商店打造成当地人津津乐道的社区文化集合的接入点（图 3-71），让参观者能够自然地走进故事商店，并与当地文化产生联系和互动。

3. 社区文化可持续挖掘的新尝试

服务设计强调可持续性，对社区文化的挖掘也同样受到项目团队的关

← 图 3-73 故事商店的二期运营

注。我们可以通过一系列社区探索工具包的设计和使用，助力更多对社区文化感兴趣的参与者加入社区文化挖掘的活动中，保持社区文化的持续输出（图 3-72）。在上海城市探索组织的支持下，故事商店成立了在地文化的共同账户，资金收益来自故事商店售卖活动的部分收益，以此来鼓励当地居民和外部参与者共同创新的文化成果。

3.5.5 项目成果

项目成果体现在以下三个方面：

故事商店落地数据成果：在落地前两个月，有 70 多位一日店主参与故事商店的运营，他们有附近的居民、商户和来自社区以外的年轻人，年纪最小的 9 岁，最大的 67 岁。总共收集了 2000 多个愚园路的在地故事，联合 40 多位故事商店的关注者对故事进行了再整理和创新，输出了愚园路立体主题故事书、在线故事云展览、故事商店周边产品、社区展览以及在地共同账户等文化新载体。故事商店受到了国内外 50 多家媒体的自发报道，有《中国日报》、新华网、《解放日报》、人民网、小红书、Shine（时尚品牌网）、点评网、微博官网等。

文化价值的传递：通过愚园路各类主题故事的构建和整理，故事商店作为在地文化的接入点和传播点，承载了文化价值传递的意义。社区居民、商户等的参与为愚园路在地社区文化的传递和可持续发展带来了更多的创新性与可能性，也让当地居民和外来者更便捷地了解当地文化并进行互动。

服务设计价值的传递：以人为本、协同创新、系统思考思维方式贯穿了整个项目的设计研发和落地阶段，让参与者了解并关注服务设计在社区营造中发挥的价值。这也让更多的组织开始招募服务设计师参与项目实践，服务设计的思维方式和工具方法也在社区运营中得到应用与传播。

参考文献

一、中文类

［1］茶山. 服务设计微日记［M］. 北京：中国工信出版社，2015.

［2］黄蔚. 服务设计：用极致体验赢得用户追随［M］. 北京：机械工业出版社，2021.

［3］伯克·约翰逊，拉里·克里斯滕森. 教育研究：定量、定性和混合方法［M］. 马健生，等译. 重庆：重庆大学出版社，2015.

［4］蔡赟，康佳美，王子娟. 用户体验设计指南：从方法论到产品设计实践［M］. 北京：电子工业出版社，2019.

［5］戴力农. 设计调研［M］. 北京：电子工业出版社，2014.

［6］风笑天. 社会学研究方法［M］. 3 版. 北京：中国人民大学出版社，2009.

［7］付志勇，夏晴. 设计思维工具手册［M］. 北京：清华大学出版社，2021.

［8］亚历山大·奥斯特瓦德，等 . 价值主张设计：如何构建商业模式最重要的环节［M］. 余峰，等译，北京：机械工业出版社，2015.

［9］茶山，关于服务设计接触点的研究：以韩国公共服务设计中接触点的应用为中心［J］. 工业设计研究，2015（1）：111-116.

［10］罗仕鉴，邹文茵 . 服务设计研究现状与进展［J］. 包装工程，2018，39（24）：45-53.

［11］辛向阳，曹建中 . 服务设计驱动公共事务管理及组织创新［J］. 设计，2014（5）：124-128.

［12］辛向阳，曹建中 . 定位服务设计［J］. 包装工程，2018，39（18）：43-49.

［13］光华设计基金会 . 中国服务设计报告 2020［R］. 北京：光华设计基金会，2020.

二、英文类

［1］STICKDORN M，HORMESS M，LAWRENCE A，et al. This is service design doing：applying service design thinking in the real world［M］. Orillia：O' Reilly Media，Inc.，2018.

［2］MADDEN R. Being Ethnographic：A Guide to the Theory and Practice of Ethnography［M］.
London：SAGE Publications Ltd，2017.

［3］YIYANG WU，LLPO K. Plant Hotels：designing the imaginary foundations of communities. CoDesign［J］. International Journal of CoCreation in Design and the Arts，2022（1）：18.

［4］BUCHANAN R. Wicked problems in design thinking［J］. Design Issues，1992，8（2）：5.

［5］MATTELMÄKI T. Probing for co-exploring［J］. CoDesign，2008，4

（2）：65-78.

［6］SHOSTACK G L. How to design a service［J］. European Journal of Marketing，1982，16（1）：49-63.

［7］SHOSTACK G L. Designing services that deliver［J］. Harvard Business Review，62（1）：133-139.

［8］TELI M，DI FIORE A，D'ANDREA V. Computing and the common：A case of participatory design with think tanks［J］. CoDesign，2017，13（2）：83-95.

［9］YU Q H，NAGAI Y，LUO Y H. Co-creation with ceramic practitioner for improving the marketing and enhancing the customer purchase experiences［J］. Asian Business Research Journal，2019，4（1）：44-53.

后记

《服务设计：方法、工具、案例》六个月的写作过程，让我对服务设计有了更加深刻的了解和认知。写作本身就是一个深入学习的机会，这些学习的经历都对我的服务设计课程教学产生了积极的、重要的影响。在这期间我还与服务设计师合作，举办了线下和线上的服务设计工作坊，了解了学院服务设计教育与企业设计实践之间的差异性。

我要感谢朱涛、赵嫣然、张子川在我写作过程中的无私帮助，还要感谢那些为我提供图片的朋友们。

于清华

2023 年 9 月 27 日

图书在版编目（CIP）数据

服务设计 : 方法、工具、案例 / 于清华著. -- 重庆 : 重庆大学出版社, 2024.1
（艺术设计人文丛书）
ISBN 978-7-5689-4021-4

I. ①服… II. ①于… III. 工业设计 IV. ①TB47

中国国家版本馆CIP数据核字（2023）第230791号

服务设计：方法　工具　案例
FUWU SHEJI : FANGFA　GONGJU　ANLI
于清华　著
策划编辑：张菱芷
责任编辑：杨　扬　　装帧设计：张菱芷
责任校对：刘志刚　　责任印制：赵　晟
*
重庆大学出版社出版发行
出版人：陈晓阳
社　址：重庆市沙坪坝区大学城西路21号
邮　编：401331
电　话：（023）88617190　88617185（中小学）
传　真：（023）88617186　88617166
网　址：http：//www.cqup.com.cn
邮　箱：fxk@cqup.com.cn（营销中心）
全国新华书店经销
重庆亘鑫印务有限公司印刷
*
开本：890mm×1240mm　1/32　印张：5.5　字数：156千
2024年1月第1版　2024年1月第1次印刷
ISBN 978-7-5689-4021-4　定价：68.00元
